# 宠物狗美容指导手册

# 清洁护理与毛发造型

【美】乔治·本德斯基 著
（Jorge Bendersky）
王梦蕾 译

·北 京·

First published in 2014 by Quarry Books, an imprint of The Quarto Group
Arranged by Inbooker Cultural Development (Beijing) Co., Ltd.



北京市版权局著作权合同登记号：01-2022-2854

**图书在版编目（CIP）数据**

宠物狗美容指导手册：清洁护理与毛发造型 /（美）乔治·本德斯基（Jorge Bendersky）著；王梦蕾译 . —北京：化学工业出版社，2022.9
书名原文：DIY Dog Grooming
ISBN 978-7-122-41626-1

Ⅰ. ①宠… Ⅱ. ①乔… ②王… Ⅲ. ①犬-美容-手册 Ⅳ. ① S829.2-62

中国版本图书馆 CIP 数据核字 (2022) 第 099939 号

责任编辑：林俐　刘晓婷　　装帧设计：对白设计
责任校对：李雨晴

出版发行：化学工业出版社（北京市东城区青年湖南街 13 号　邮政编码 100011）
印　　装：北京华联印刷有限公司
710mm×1000mm　1/16　印张 9½　字数 200 千字　2022 年 9 月北京第 1 版第 1 次印刷

购书咨询：010-64518888　　售后服务：010-64518899
网　　址：http://www.cip.com.cn
凡购买本书，如有缺损质量问题，本社销售中心负责调换。

定　　价：69.00 元

# 致谢 DEDICATION

我想将这本书献给我伟大的母亲和我所有的兄弟姐妹，从我记事起他们就一直义无反顾地支持我的爱好和职业。我想将本书献给诺拉·卢瑟罗（Nora Lucero），是她带领我接触宠物美容以及宠物赛事。我想将本书献给卡罗尔·史密斯（Carol Smith），是他赠予我第一把剪刀并鼓励我找到了第一份专业的宠物美容师的工作。我想将本书献给皮拉（Pila），它是我的第一只宠物犬，也是我的第一位“客户”。

最后，我要将本书献给我遇到过的所有湿鼻子、摇尾巴的小家伙，是它们让我能继续坚持我的梦想。祝愿你们都拥有爱以及健康光泽的毛发。

——乔治·本德斯基（Jorge Bendersky）

# 序
# FOREWORD

很多宠物狗主人都认为自己对狗狗做到了无微不至的照顾：运动、训练、充足的食物和水，以及定期去宠物医院体检。但有一件事很容易被人们忽略，那就是毛发护理和美容，尤其是短毛犬、很少掉毛的犬种，以及低过敏性的长毛犬。

宠物狗的毛发护理和美容非常重要。最显而易见的好处就是能让狗狗更好地应对气候的变化。狗狗夏季要剪短毛发，冬季则要留长毛发，并需要更加频繁地梳理毛发。此外，帮助狗狗打理毛发还有很多好处。打理毛发不仅可以避免毛发打结以及粘上刺果，更是控制狗狗身上跳蚤和蜱虫的重要环节。最重要的是，护理和美容的过程会让你接触到狗狗的全身，更容易发现狗狗身上的皮肤疾病，例如皮疹、擦伤，以及其他早期皮肤问题，这些问题越早发现治疗起来越容易、越便宜。

即便有这么多的好处，很多人却没有为狗狗提供足够的毛发护理和美容。也许是他们家附近没有专业的宠物店，也许是狗狗在做护理时过于胆小或凶猛。当然，经济因素也是很重要的原因，去宠物店给狗狗做美容确实是笔不小的开支。

如果狗狗主人自己掌握了如何给狗狗洗澡、护理及美容，以上所有的理由就都不成立了。你可以在自己家里给狗狗做护理和美容，根据自己的时间来安排。而且狗狗不会感到害怕，因为给它们做护理和美容的是它们最信赖的主人。只需要购买一些必需的工具和消耗品，给狗狗做护理和美容的经济成本也会变得很低。

当然，你还需要一位好老师教你如何给狗狗做护理和美容。乔治·本德斯基是曼哈顿最受欢迎的宠物犬美容师之一，他将自己从业多年的护理、美容经验和专业知识都记录在这本书中，并向大家详细展示了如何实际操作。

我见过本德斯基很多次，尤其是在美国北岸动物联盟（North Shore Animal League America）的救援活动中我们经常遇见。他有着和我一样的爱狗本能。实际上，我们对自己的工作有着相似的看法——给宠物美容就像是在跳舞，美容师与宠物是领舞者与舞者的关系，它建立在对彼此的信任之上。与狗狗打交道需要彼此的协调，需要一步一步脚踏实地大量练习。最重要的是，这其中充满了乐趣。

我可以很确定地说，看着本德斯基工作，可以明显感受到这份工作对他来说不仅仅只是工作，更是快乐、是舞蹈、是享受。我和狗狗“共事”时的感觉亦是如此。他还拥有足够的实力，他将自己冷静、自信的风格灌注到这本书中。

对于立志从事宠物美容职业的人们来说，本书是一本综合指南，囊括了关于宠物狗毛发、指甲、耳朵、脚爪护理等基础知识，以及宠物狗美容风格和技巧。而且，本德斯基并没有止步于理论知识，他还介绍了如何选购合适的工具、如何给狗狗洗澡、如何自制护理产品等。他甚至还给出了一些狗狗常见问题的解决方法，帮助大家处理一些可能会遇到的问题，比如狗狗的毛发里粘了块口香糖怎么办，狗狗毛发里有跳蚤和蜱虫了该怎么办，甚至是狗狗不小心对上了臭鼬的屁股该怎么办。

我的粉丝都对我提出的“练习、训导、感情”的养宠准则十分熟悉。但是他们很难想到除了喂食、治疗和爱抚之外如何向狗狗表达感情。亲自给狗狗做护理和美容是一个绝好的方法，不仅能够向它们传达你的感情，更能够增进你们之间的亲密度，在你们之间建立更牢固的信任。

相信本德斯基吧，不管你是专业的宠物美容师，还是宠物主人，你都能从本书中学到许多给狗狗做护理和美容的专业知识与技法。

——西萨 · 米兰（Cesar Millan）

# 前言
# PREFACE

## 给狗狗做美容就像和狗狗共舞探戈

这本书是写给刚入门的宠物狗美容师以及想要掌握狗狗美容技术的宠物主人的。对于宠物狗美容师来说，你需要掌握足够的知识和经验，并且要富有耐心和爱心，你不仅需要帮狗狗美容，还要在美容的过程中检查狗狗的身体，帮助主人及时地发现一些健康问题，这样才能建立狗狗以及狗狗主人对你的信任。这本书能帮助你掌握最基础的但是最专业的宠物狗美容知识和技法。

对于宠物狗主人来说，如果有足够的知识和经验，没有人能比你自己更适合给狗狗做美容了。你是狗狗最好的伙伴。亲自给狗狗做美容不仅能让你省钱，同样能够改善你和狗狗的生活质量。花一些时间和精力去学习如何给狗狗做护理和美容，这会是一段十分美妙的学习经历。你会学习到关于狗狗的新知识，你会发现学到的知识越多，越容易成为一个好主人。你是狗狗最爱的人，也是它最信任的人。此外，通过在日常生活中增加新的护理和美容计划来陪伴狗狗，你就可以从原本应该带狗狗去专业美容师的时间中解放出来，节省了时间成本。

如果狗狗在外面，比如公园、泳池甚至是海边，疯玩了一天，不仅会让它原本的时尚外形变成时尚噩梦，更有可能引发健康问题，比如小伤口、皮疹、蜱虫或者跳蚤等。很多严重的健康问题，最开始就是在打理毛发的时候发现的。尽早检查并处理，有时可以拯救狗狗的生命，以及你的钱包。

我经常将给狗狗做护理和美容比喻成跳探戈舞。你和狗狗要一起跳完这支美容探戈舞，创造出你们之间的火花。当你们共同完成这场舞蹈，你们之间的关系将会得到进一步的提升。

——乔治 · 本德斯基（Jorge Bendersky）

# 目录
# CONTENTS

## 第 1 章
## 关于狗狗的基础知识



## 第 2 章
## 必备工具和使用方法



## 第 3 章
## 梳理毛发



## 第 4 章
## 清洁

第5章

## 修剪与造型



第6章

## 除污、除虫、急救



第7章

## 美容小技巧与自制美容产品

# 第1章

# 关于狗狗的基础知识

给狗狗做护理和美容时，首先要做的就是正确鉴别被毛类型。不同的被毛类型将决定你应该使用什么样的护理产品，以及需要掌握什么样的护理技巧。

本书详细介绍了主要类型的犬种的结构特征，美容师可以将狗狗“对号入座”，给它们提供更适合的服务。对于狗狗主人来说，学习完这章，你就能大概预计出在以后的日子里，你的狗狗会需要你花费多少金钱和时间来照顾。在那些最悲伤的故事中，狗狗会因为主人缺钱而得不到足够的照顾，甚至干脆被弃养。

学习专业的知识永远会对你有帮助。了解狗狗品种以及适合它们的护理方式，能帮助你选择更合适的工具，使护理工作变得更加简单顺畅，同时也能让狗狗在护理中得到更好的体验。

# 1. 认识狗狗

迄今为止，全世界发现的犬种数量已经超过了400种，此外还有许多混血犬种。犬的被毛也多种多样。

首先可以将被毛分为三大类：

- 直毛
- 卷毛
- 刚毛

在这三大类的基础上，还可以根据被毛长度分为三类：

- 短毛
- 中毛
- 长毛

此外大多数犬种都可以归入下面两种分类：

- 双层被毛（具有下层绒毛的犬种）
- 单层被毛

在上面这些分类基础上，还可以按照护理需求的高低将它们分类。

## 纯种犬

养纯种犬的好处在于能够获得更多的准确信息。经过了多年甚至数个世纪的培育，纯种犬已经具有了稳固的明确特征，这些特征已经定格在它们的基因中。因此，我们可以很大程度上通过血统了解它们的被毛类型、护理需求以及性格特点。如果你家中即将迎来一只纯种犬，在没有见到它的时候，根据它的品种，你就能很容易地知道需要准备什么。

## 混血犬

如果你领养了一只混血犬，就很难找到准确的资料能告诉你它们的被毛类型、护理需求以及性格特点。当小狗长大后，大多数都会经历换毛。换毛大多从尾部开始，随着时间的推移慢慢向脖颈处发展。如果它是一条混血梗犬，被毛会遵循它血液中的梗犬基因：背上靠尾部的毛发会先变得粗糙、卷曲，然后掉落。如果是混血垂毛犬，换毛开始后身上的胎毛会逐渐掉落（大多数胎毛柔软且蓬松），重新长出的被毛将会又直又亮。

## 护理需求高的犬种

首先我们需要明白，所有的狗狗都需要良好的照顾，都有很高的护理需求。只不过这个需求具体有多高，取决于它的血统。很显然，魏玛猎狗的护理需求要远远低于英国古代牧羊犬或者北京犬。虽然被毛长度并不是决定狗狗护理需求的唯一因素，但的确是一个很重要的指标。

当然，护理需求与被毛长度也不完全成正比。一些短毛或中毛犬种会经常掉毛，因此它们需要更多的护理。只在换季时掉毛或不怎么掉毛的长毛犬虽然同样需要梳毛和洗澡，但它的主人就不必频繁地用吸尘器打扫家中的狗毛了。

## 护理需求低的犬种

显而易见，单层被毛的短毛品种，比如魏玛猎狗、迷你杜宾犬、意大利灵缇犬等，它们的皮毛护理需求相对更低，因为它们很少掉毛甚至根本不掉毛，因此很容易保持干净光亮的毛发。如果说有什么缺点的话，那就是这些犬种很少需要人类亲手接触它们，导致给它们剪指甲或者清理耳朵的时候会比较抗拒。最好从它们小时候就开始多触碰抚摸它们，让它们尽早习惯人类的护理。如果每次剪指甲或者清理耳朵都需要召集好几个人来控制它，一条低护理需求的狗狗瞬间就会成为一条高护理需求的狗狗。

## 护理频度

应该多久给狗做一次护理，我有一条非常简单的经验法则。如果你不再想拥抱它了，就该给它洗澡了。狗狗的生活环境也可以帮助你判断给它洗澡的频率。一条生活在城市公寓楼中的狗狗在小区散步的过程中，尤其是下雨的时候，会很容易变脏。如果狗狗生活在别墅里，尤其是院子里的草坪经常修剪，那么它保持干净的时间就能长久一些。当它们在草坪中打滚的时候，就是在给自己做SPA，这在城市里的宠物店是需要花费很多钱的。

现在的宠物产业推出了很多种宠物狗日常洗澡时使用的浴液，它们能在清洁狗狗皮毛的同时避免伤害皮毛自身的皮脂。一般来说，给狗洗澡的频率越勤，使用的浴液就要越温和。美白类浴液是最强效的，因为它首先需要去除狗狗身上使用的其他产品，它能提高光在皮毛上的反射效果，从而让皮毛显得更加光亮。小狗专用的以及防过敏的浴液则是最温和的洗护产品。

# 2. 被毛类型

## 短毛

大多数短毛犬都有一层紧贴着皮肤的直毛。短毛犬可以分为两种。

### ● 单层被毛短毛犬

典型犬种包括意大利灵缇犬、魏玛猎狗、杜宾犬等。它们的身体被一层细腻的、紧贴着皮肤的光亮皮毛包裹。这类被毛打理起来很方便，但是注意不要让这类狗狗处于极度高温或低温的环境中，因为它们的被毛无法提供像双层被毛品种那样的隔温功能。毛衣和夹克并不单单只是时尚，它们在极端环境中是必不可少的。

单层被毛短毛犬几乎不掉毛，不需要很频繁的洗澡。当这类狗狗在公园里玩了一天之后，只需要用一块潮湿的毛巾加上一些免洗浴液，甚至只需要一些温水，就足以让它们的皮毛恢复亮泽。

我们不需要太多打理，但是可以用橡胶刷给我们梳梳毛，
相当于给我们按摩，能促进血液循环，使皮毛保持健康光亮。

### ● 双层被毛短毛犬

典型犬种包括巴哥犬、吉娃娃犬以及大丹犬等。它们的被毛紧贴皮肤，但是摸起来的感觉更厚、更软。下层的短毛并不总是露在外面，但当狗狗们在沙发上躺了一段时间之后，就会在沙发上留下一层鸟窝状的死毛，这就是下层短毛。

比起单层被毛犬，双层被毛犬更加需要护理毛发，因为它们无时无刻不在掉毛。选择合适的刷子可以有助于强化毛囊，有效减少掉毛。虽然双层被毛短毛犬不会出现毛发打结的状况，但是如果隔几周不洗澡，也会产生异味。当然这也要取决于狗狗生活、玩耍的环境等。

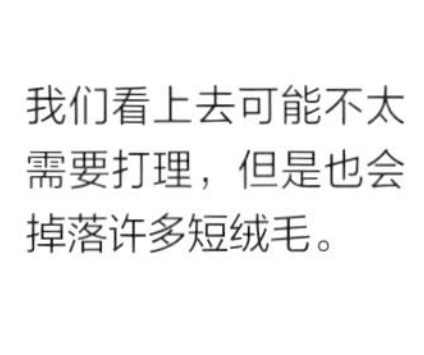

我们看上去可能不太需要打理，但是也会掉落许多短绒毛。

## 中毛犬

大多数中毛犬都有两层被毛。中毛犬可以分为刚毛和直毛两种。

### ● 刚毛中毛犬

大多数梗犬都是刚毛中毛犬，都需要手工拔毛，以保持被毛的手感和色泽。如果在刚毛犬身上使用电剪，很有可能会让它们的毛发松软，失去原有的色泽，并且需要更频繁地梳毛。

典型犬种包括凯安梗、猎狐梗和西部高地白梗等。

我们可能没有柔软、飘逸的毛发，但是只要梳理得当，几乎不会有异味。

## • 直毛中毛犬

直毛中毛犬的上层被毛为直毛，下层为软软的绒毛。

这类被毛的狗狗需要经常梳毛，防止因下层绒毛擀毡（毛发结成片状）而造成的皮炎、湿疹等皮肤问题。给这类狗狗梳毛时，要使用正确的工具，确保梳到它们的下层绒毛。很多主人都信誓旦旦地说他们每天都给狗梳毛，但是狗的绒毛还是擀毡了。这种情况的原因应该是只梳到了上层被毛，没有梳到下层绒毛导致其擀毡。钉耙刷是给这类狗狗梳毛的理想工具。

具有这类被毛的犬种很多，比如德国牧羊犬、柴犬、西伯利亚雪橇犬以及金毛寻回犬等。下层绒毛能起到保温隔温的作用，定期梳理下层绒毛可以让狗狗在极端天气中更好地调节体温。

下层绒毛就是我们的保暖外套，换毛的时候就是衣服换季。想要防止死毛霸占身体，唯一的办法就是用正确的工具和技巧给我们梳毛。

## 长毛犬

长毛犬按毛发的类型可以分为垂毛犬、直毛犬和卷毛犬，按毛发的层数可以分为双层被毛犬和单层被毛犬。长毛犬需要十分严谨的护理计划来防止毛发打结。

### • 双层被毛的垂毛长毛犬

典型犬种包括狮子狗、西藏梗以及长须牧羊犬等。这类狗狗的毛很长，走动时毛发会形成优雅的波浪，而且下层绒毛柔软蓬松。

不要嫌弃我们！我们很美。但想要我们保持美丽的外形，需要下很大功夫。

### • 双层被毛的蓬松长毛犬

典型犬种包括博美犬、北京犬及英国古代牧羊犬等。这类狗狗的上层被毛很长，而且下层绒毛的存在感也很强。上层被毛一般是直的，质地有些粗糙，因此可以蓬松起来，形成一种完美的鬃毛效果。这种造型很流行，被称为狮子型。

这类狗狗被毛剪短后，重新长长的毛会不同于原来的造型。蓬松长毛犬的护理需求极高，如果不定期梳毛，被毛很快就会打结。

## ● 单层被毛的垂毛长毛犬

典型犬种包括约克夏犬、马尔济斯犬以及阿富汗猎犬等。这类狗狗身体状况良好时，要比双层被毛的垂毛长毛犬好打理。它们的毛发与人类的头发非常相似，又长又柔顺。这类狗狗的毛发虽然同样需要新陈代谢，但掉毛量很小，而且不是季节性的。每周一次恰当的梳毛就可以保持毛发的健康和光泽。剪毛时使用打薄剪可以打造出比较自然的外形。

又长又垂的毛发意味着要更加仔细地给我们梳毛。

图片由Shutterstock.com提供

如果不经常梳毛，一头美丽飘逸的发型很快就会变成一个糟糕的扁平脑袋。

贵宾犬图片由Shutterstock.com提供

## ● 卷毛长毛犬

典型犬种包括贵宾犬、卷毛比熊犬以及葡萄牙水犬等。大多数卷毛犬没有下层绒毛，这也是它们不太会引起人类过敏的原因。不过，没有任何一种犬是完全不会引起过敏的，因为狗狗唾液中包含的蛋白质会成为某些人群过敏反应的导火索。

卷毛长毛犬是最适合、最需要进行美容修剪的品种。它们的卷毛需要定期梳理以防打结。修剪时使用辅助梳可以更轻松地让被毛保持中等长度。

## TIP

### 剃毛的注意事项

一些双层被毛犬的主人认为剃掉狗狗的被毛可以有效解决大量掉毛和季节性掉毛的问题。但是一些双层被毛犬种在剃毛后重新长毛时，不同部位被毛的生长可能参差不齐。

查找了相关资料后，我认为原因可能是这样的：由于双层被毛犬的上下两层毛使用的是同一个毛囊，原本的毛发被剃掉之后，新的下层绒毛在长出来之前就会变卷，堵塞毛囊，从而造成健康的新被毛无法正常生长。

剃毛后使用祛毛刀剃掉多余的毛发，并坚持每周用鬃毛刷洗澡，促进毛囊张开，可以有效解决上面的问题。

还有一件必须注意的事情。如果狗狗存在潜在的健康问题，例如激素水平失调或者甲状腺疾病等，这些问题可能会在狗狗剃毛后显露出来。其实不仅是在剃毛后，新长出的被毛有时也会反映出这些健康问题。

给双层被毛的狗狗剃毛时，可以选择使用辅助梳。但使用辅助梳也有前提，必须确保狗狗全身清洁且毛发没有打结，这样使用辅助梳时才能顺畅没有阻力。

可以尝试使用10#电剪刀片搭配辅助梳，会让剃毛工作变得简单一些。

# 解剖图

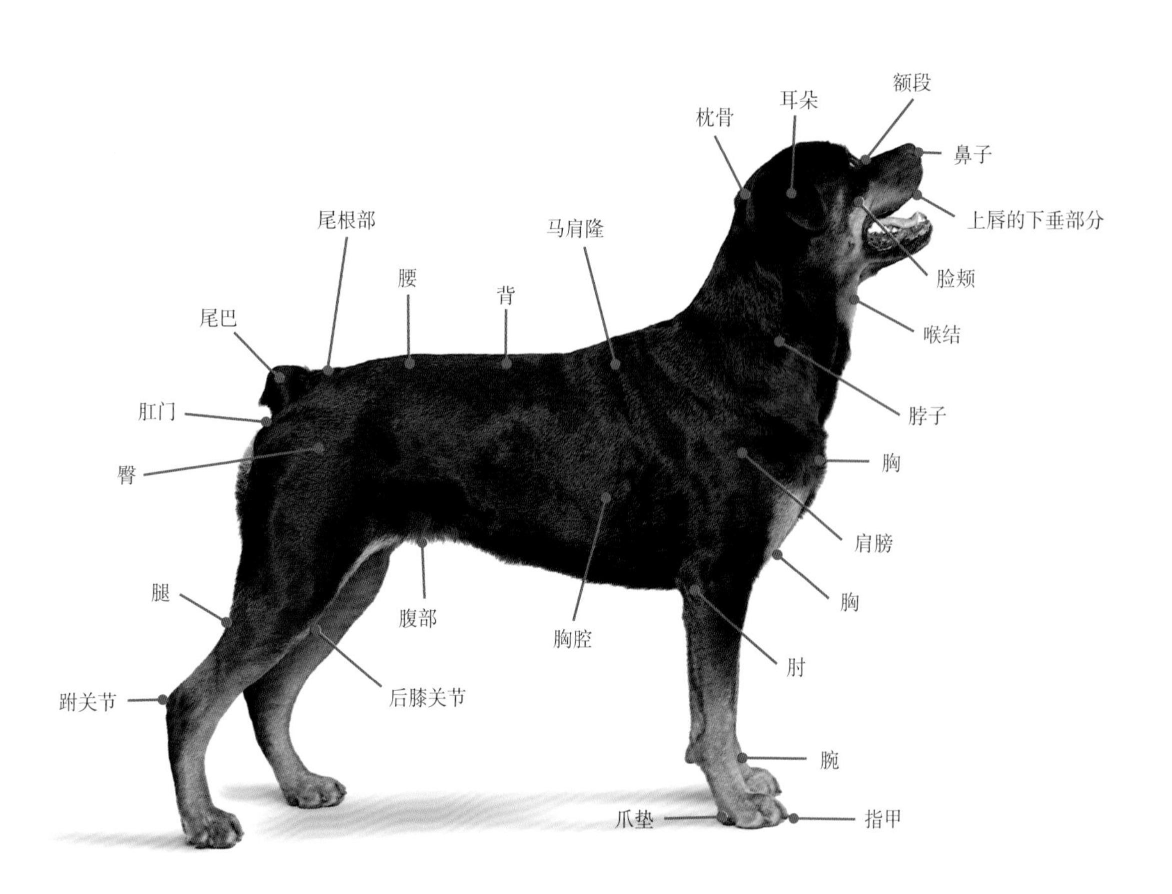

额段
耳朵
枕骨
鼻子
上唇的下垂部分
尾根部
马肩隆
脸颊
腰
背
尾巴
喉结
脖子
肛门
胸
臀
肩膀
腿
胸
腹部
胸腔
肘
跗关节
后膝关节
腕
爪垫
指甲

# 3. 指甲

指甲护理不足是很多宠物狗共通的问题。不经常给狗剪指甲，不仅会让指甲变得难看，变得更难修剪，对狗来说更是一个严重的健康危害。指甲过长会让狗狗无法正常行走和站立，如果不及时处理，很快就会对背部造成损伤。

剪指甲的频率取决于狗狗的生活方式。活泼好动的狗狗会在奔跑中磨掉一些指甲，因此不需要频繁地修剪。喜欢窝在家里的狗狗则需要更频繁地修剪。按照经验来看，剪指甲的频率是3~4周修剪一次。

## 指甲的构造

指甲的最前端被称为游离缘或指甲尖，是修剪指甲时最安全的部分，也是非专业人士给狗狗剪指甲时唯一能剪的部分。如果狗的指甲是白色的，可以将指甲放在灯光下，颜色最白的部分就是甲尖了。如果是黑色指甲，则需要更加仔细观察。可以从下方观察指甲，找到中空且无血管的部分，那就是可以修剪的部分。指甲的里面是指甲的主体，被称为活肉或血线，其中包含着血管和神经，如果不小心剪到这部分，就会出血。

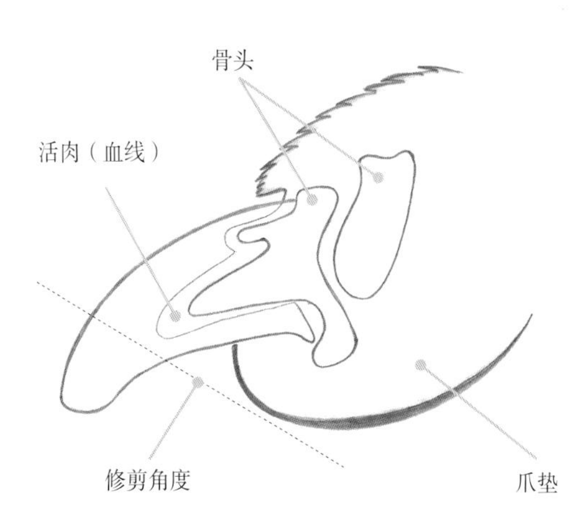

# 4. 耳朵

想要准确描述犬类耳朵的位置其实很简单：耳朵长在狗狗头顶的两侧。但面对如今那么多犬种，想要描述每种类型犬的耳朵，则不是那么容易的。

了解狗狗的耳朵是很重要的，因为耳朵的类型将决定需要给它们提供什么样的照顾。比如，耳道空气流动性较好的品种，它们的耳朵会自然保持较干燥和清洁的状态，因此患上耳道感染的风险相对小一些。

如果不考虑耳朵的外观，所有犬种的耳朵都具有相似的内部生理构造。了解狗狗耳朵的构造很重要，会帮助我们更好地理解耳朵护理的重要性。

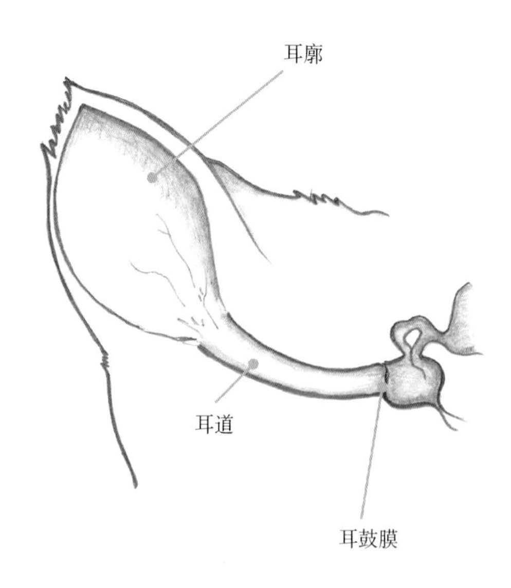

耳朵清洁频率根据不同的耳朵类型有所差异。耳道空气流动性较好的只需每周擦拭一次就足够了。

如果耳朵遮住了耳道，则需要更加注意护理，因为这类耳朵的耳道中易形成潮湿的环境，有利于细菌增长，更容易让狗患上耳道感染。对这样的耳朵每周最少要进行一次检查和清洁。完整的耳朵清洁过程将在第4章进行介绍。

下面展示了几种常见的耳朵类型。

**钮扣耳**：杰克罗素梗、巴哥犬等。

**玫瑰耳**：惠比特犬、斗牛犬等。

**半立耳**：柯利牧羊犬、万能梗等。

**立耳**：外观是三角形，根据头的大小，耳朵也有不同大小。例如阿拉斯加雪橇犬、澳洲牧牛犬等。

**垂耳**：两片耳朵垂在头的两侧，又可细分为有无折叠。例如巴吉度猎犬为无折叠的垂耳、维希拉猎犬为折叠的垂耳。

**蝙蝠耳**：相对于狗狗的头来说耳朵比例较大，两片大耳朵直指斜上方。例如柯基犬、吉娃娃犬等。

左：钝尖耳在外观上与蝙蝠耳相似，但正如其名，钝尖耳的耳尖是圆的。例如法国斗牛犬。

右：剪耳指的是通过外科手术重新塑形过的耳朵，常见于大丹犬、杜宾犬、雪纳瑞等。

# 5. 脚爪

每只狗狗都拥有天生的全地形鞋子——脚爪。它们的爪垫像鞋垫一样，可以起到缓冲作用，减少骨头受到的冲击。爪垫的质地还可以防滑，也可以在极端温度的时候帮助狗狗隔温。

上天并没有预料到狗狗将会生活在繁忙的城市中，行走在滚烫的柏油路上，哪怕稍微出去溜达一会，都会遇到各种化学物质和垃圾，并没有帮它们设定适合城市生活的身体构造。因此需要定期检查狗狗的脚爪，确保处于健康且干净的状态。

大多数狗狗只通过舌头和爪垫排汗，如果脚爪上的毛打结了，出汗时产生的水汽滞留在脚爪上，就会形成滋生细菌的温床。细菌是脚爪附近皮毛变色的主要原因之一。

在爪垫上涂抹护爪膏可以形成一层保护膜，在脚爪接触到极端温度甚至是化学物质时起到保护作用。

如果狗狗喜欢在公园里刨挖，需要及时地将堆积在指缝和指甲中的所有泥土和碎石清理干净。

生活在城市中的狗狗，每次散步或者玩耍回家之后都需要擦拭脚爪。一些用来清洗人行道的药物以及融雪剂有时会散发出甜味，这会让接触到这些物质的脚爪变成一顿有毒大餐。如果发现狗在舔脚爪，需要确保它的脚爪是干净的。

与我们人类的脚一样，狗的脚爪上也布满了末梢神经。因此它们也很喜欢脚爪按摩，就好像人类享受足底按摩一样。按摩狗的脚爪不仅可以让狗放松，更能让它们适应脚爪被触摸的感觉，让剪指甲和清洁过程更加轻松。

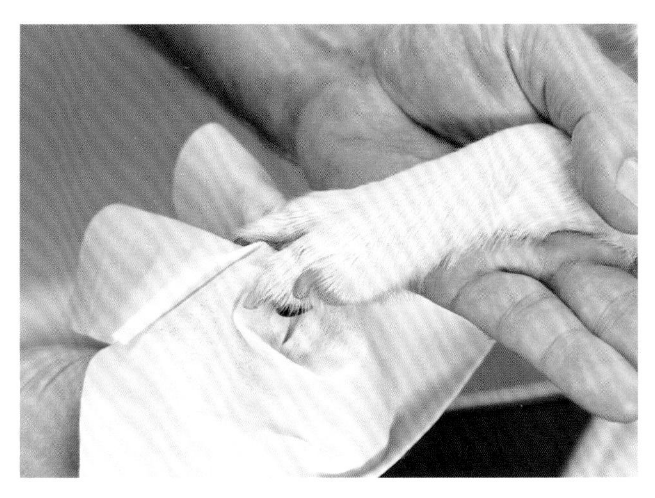

防滑质地的爪垫很容易粘上各种你不愿意在你沙发上看到的脏东西，比如碎石子、口香糖等。

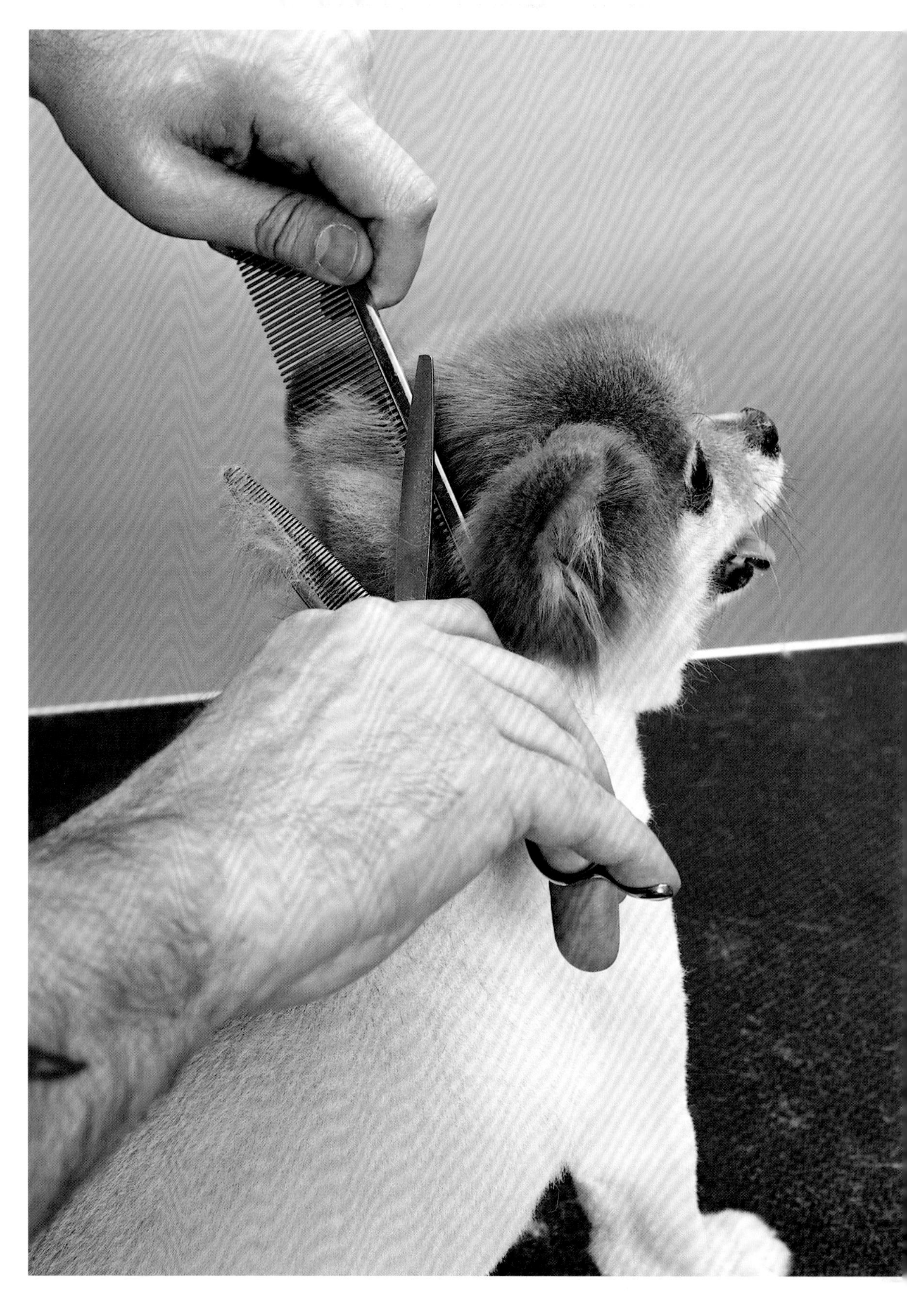

# 第2章

## 必备工具和使用方法

走进宠物狗美容的专业领域，你会发现有各种外观可爱、颜色鲜艳的工具。上一章，我们了解了不同狗狗的结构特征和被毛类型，在这一章，我会告诉大家怎么根据不同的狗狗选择合适的工具，以及这些工具的使用方法。

对于宠物主人来说，不需要像专业美容师那样拥有齐全的工具，在选购工具前需要想清楚下面这个问题：你是想要给专业宠物美容师的工作“锦上添花”，也就是在定期去宠物店的间隔时间里稍微修整一下狗狗的脸、私处或脚爪；还是想要将狗狗全身的毛稍微剪短一些，好在马上要到来的夏天更省时省力地从它的毛里挑出沙子和树枝；还是你要充分发挥自己的天分，完全接管美容师的工作来给狗狗做护理和美容。

我曾有一次上门给狗狗做护理，然后不小心忘带了修剪工具，结果我只能用一把厨房用的剪刀来给狗狗剪毛。这次尴尬的经历让我知道拥有正确的工具是多么重要。

# 1. 刷子

市面上有各种各样的刷子，很容易让人产生一种错觉：必须要买很多不同的刷子才能给狗狗做护理。但事实上我们只需要按照特定需求选择合适的刷子就行。洗澡前、洗澡时和洗澡后要用不同的刷子。因为狗身上很脏、都是毛结时、清洗干净后，毛发的状态是不同的。

建议大家在给狗洗澡前使用相对便宜的刷子，将更好的刷子用在清洗干净的毛发上。不同的步骤使用不同的刷子，不仅能延长刷子的使用寿命，更能节省清洗、消毒刷掉泥土的刷子的时间，尤其是在做其他护理工作而忙得不可开交的时候，你可以等忙完再去清洗和消毒刷子。这种节省时间的护理方法会让狗狗很开心。更重要的是，缩短护理的时间，可以减少狗狗站在护理台或桌子上的时间，这对它们来说也更安全。

## 针梳

针梳是一种非常常用的梳毛工具，一般为方形。硬质底座上有一块橡胶片，橡胶片上插着许多梳齿。橡胶片的作用是让所有梳齿都向同一个方向倾斜。

梳齿越短，能够梳下来的绒毛越多。而对于长毛犬来说，要选择底座更柔软并且有着长梳齿的针梳，用起来会更顺畅，更容易穿过又厚又长的毛发。

针梳只能用在干燥的毛发上。洗澡后使用针梳时，要确保已经用毛巾擦干毛发表面的水，并且要搭配吹风机使用。在浸湿的毛发上使用针梳，极容易划伤狗狗的皮肤。

狗狗的毛发在潮湿的情况下会变得湿滑有弹性，不好控制，所以在狗狗身上潮湿的时候，不管使用什么工具，都要格外小心。

## ● 如何使用针梳

针梳的正确握法是用大拇指和中指捏紧梳子的把手。将食指放在把手顶端，在这个位置作用力，可以让你根据不同的梳毛部位自由改变作用在针梳上的力。注意不要握得太紧，太紧会让操作的灵敏度降低。通过手腕和食指保持对梳子的控制。（如**图1**、**图2**、**图3**所示）

最佳的梳毛方式是分区梳理。每梳完一个区域，都要确保整个区域都被梳理到了并且彻底干燥了，然后再开始下一个区域。每一个区域的宽度应该与针梳的宽度一致。

想要让狗狗的毛发达到最蓬松的状态，需要配合吹风机的热风，并轻轻抖动针梳。

洗澡前使用针梳梳理狗狗的毛发，能够让浴液更容易渗透到毛发下面，使毛发及皮肤达到更好的清洁效果。

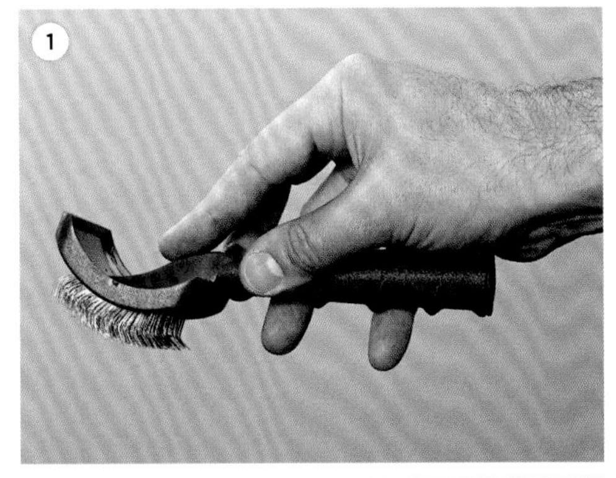


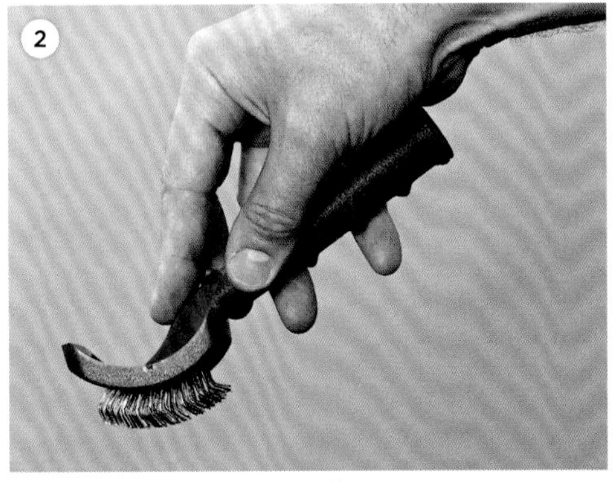


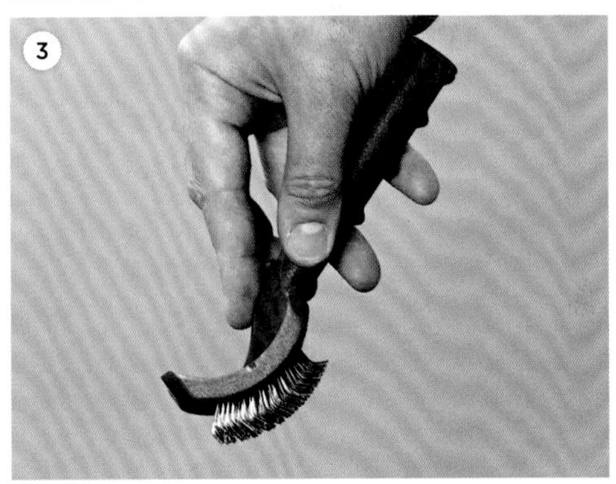

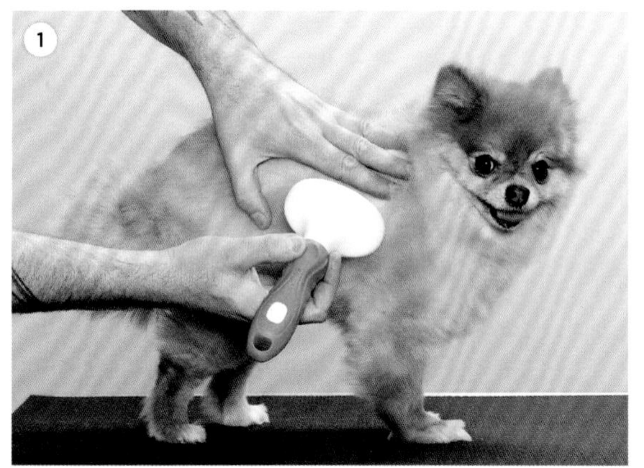

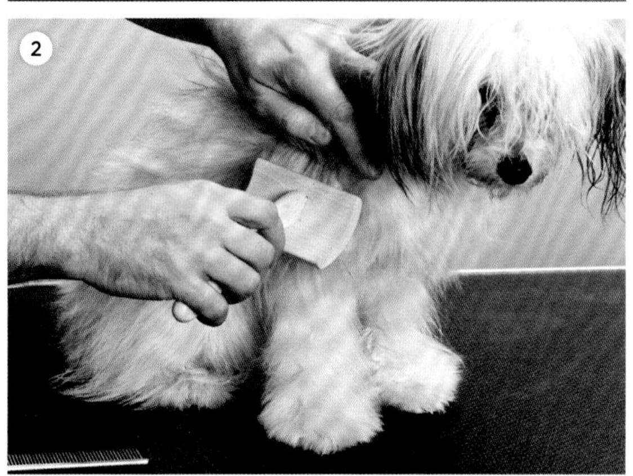

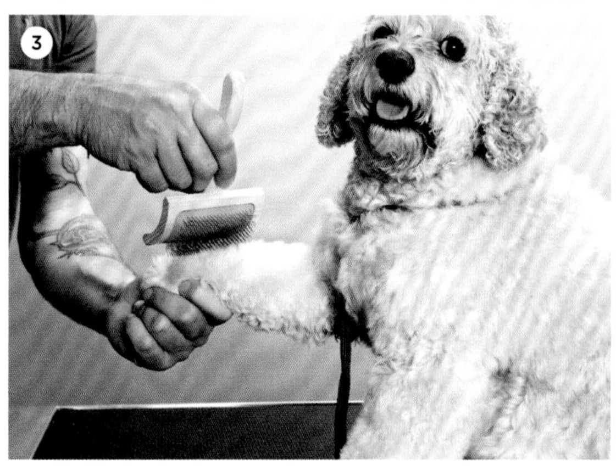

在皮肤较松弛的区域，需要用另一只手轻轻拉紧周围的皮肤，然后沿着直线梳毛，这一过程被称为“直梳”（**图1**）。

对于长毛犬种来说，针梳可以帮助它们梳通毛结，去掉下层绒毛中的死毛，去除新陈代谢中产生的死皮，并且强化毛囊。

对于垂毛犬种（约克夏犬、马尔济斯犬、长须牧羊犬等）来说，顺着毛发生长的方向梳毛，可以让毛发更加垂顺且光亮（**图2**）。

对于卷毛或毛发蓬松的犬种（贵妇犬、松狮犬、博美犬等）来说，逆着毛发生长的方向梳毛，更能展现出这些狗狗的毛量（**图3**）。

对于中毛犬种来说，针梳可以帮助它们去掉绒毛中的死毛，促进血液循环，强化毛囊，从而减少掉毛。洗澡后使用针梳，可以让皮毛更光亮。

## 气囊梳

气囊梳的种类很多，有各种形状、大小、梳齿长度以及梳齿灵活度。气囊梳最适合用在健康且没有毛结的毛发上。梳子的底座越有弹性，梳子的灵活度就越高。

下层绒毛厚重的狗狗更适合结实一些的梳子，确保每一根毛发都被梳通。用气囊梳给垂毛犬种梳毛，可以得到非常顺滑的效果。

## 鬃毛刷

并不是所有被毛类型的狗狗都需要鬃毛刷。它能让短毛犬的毛发更加亮泽，并且有助于去除皮屑及松动的毛发。在给狗狗进行触感训练时鬃毛刷也很好用，因为用鬃毛刷给狗狗梳毛会让狗狗像做按摩一样舒服。

## 橡胶刷

橡胶刷很有可能是狗狗最喜欢的一种刷子，因为它具有如按摩一般的触感。橡胶刷最适合在短毛犬和中毛犬洗澡时使用，短毛犬掉毛时也可以使用。这种刷子可以轻松去掉脱落的毛发，并且狗狗非常享受这样的按摩。

## 脸部及脚爪专用刷

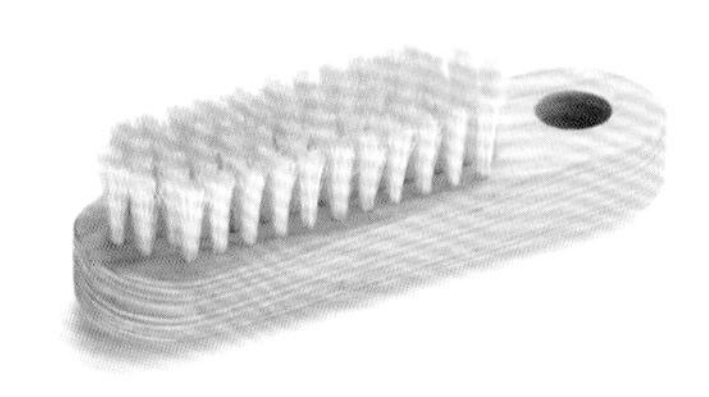

准备一把合适的软刷给狗狗做深层清洁。灰尘和碎屑容易堆积在脚爪上，大多是在指甲下面或者爪垫之间。为了确保将狗狗的四只脚爪都清洗干净，可以使用天然素材的软毛刷或者蔬果刷。我还喜欢用这样的刷子给短毛犬和中毛犬梳理毛发，以去除它们身上的死皮，保持皮肤清洁。更小一些的刷子还可以用来清洁泪痕和嘴部的污渍。

## 钉耙梳

钉耙梳头部较宽，上面嵌着一排或多排硬质圆头梳齿（大多间隔较宽）。钉耙梳主要用来去除中毛犬或双层被毛长毛犬下层绒毛中的死毛。选择一把梳齿长度与狗狗毛发厚度相当的钉耙梳，既可以让梳齿充分深入毛发内部带走死毛，又可以避免长度过长划伤皮肤。

先小幅度松毛，一只手梳毛，另一只手拉紧狗狗的皮肤。等到下层绒毛逐渐松散，再开始大幅度梳毛。随时都要注意钉耙梳深入的深度，防止划伤皮肤。等下层绒毛彻底梳通后，再用针梳梳掉脱落的毛发。

## 开结梳

开结梳头部为一排或多排锋利的刀片。如果使用方法正确且足够小心，开结梳可以帮你轻松处理打结严重的毛发。开结梳大多用在针梳之前，使用时动作幅度要小，直接用在想要疏松的毛结上。使用开结梳时，必须非常小心，因为开结梳的刀片十分锋利，很容易割破狗狗的耳朵、尾巴以及松弛的皮肤。拿起打结的毛发时手指紧贴着狗狗的皮肤，这样就能避免不必要的拉扯以及划伤皮肤。先从毛结的外侧开始梳理，逐渐深入到毛结中心。注意不要在耳廓及尾部使用开结梳，在这些部位使用，很容易割伤狗狗。

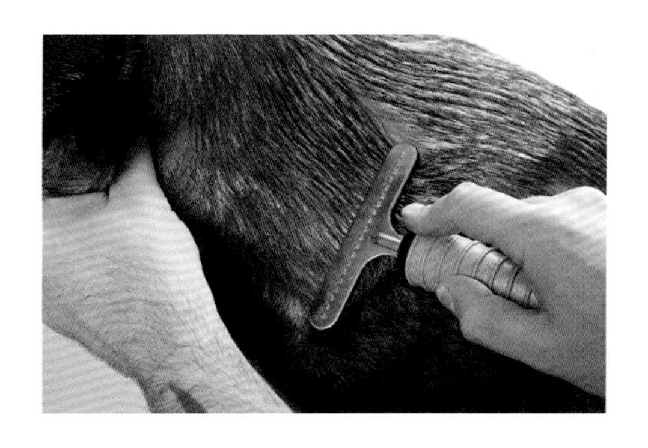

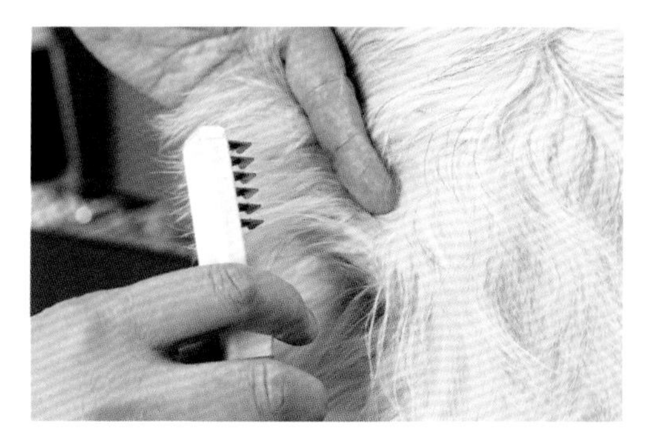

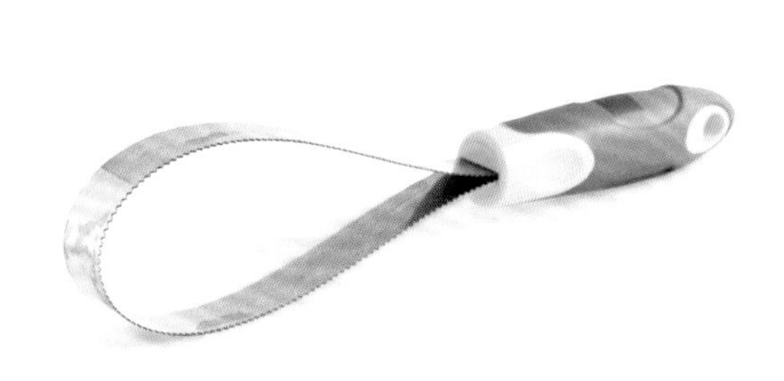

## 祛毛刀

祛毛刀头部为弯成环形的锯齿状刀片。很适合用来去除上层被毛中的死毛，多用于双层被毛中毛犬种，例如德国牧羊犬或金毛寻回犬等。使用时将刀片顺着毛发生长的方向滑过，刀片上的锯齿会将死毛钩住并拉扯下来。使用祛毛刀时需要小心不要划伤狗狗的皮肤，尤其是在敏感部位或毛发较薄的部位更要小心。

## 拔毛刀

拔毛刀头部为小锯齿金属刀片，专门用于给需要拔毛的犬种拔毛。拔毛是一种特殊的毛发护理技巧，目的是将死毛从被毛中拔出来，需要拔毛的犬种大多是梗犬。如果拔毛技巧得当，手法正确且力度适中，可以去除被毛中的死毛以及过多的下层毛发。拔毛时必须沿着毛发生长的方向。

使用拔毛刀时，一只手拉紧狗狗的皮肤，另一只手将一小撮毛发夹在大拇指与刀面之间。手腕保持水平，通过移动手臂来将毛发拔出来。如果拔毛过程中转动手腕，会让狗狗感到不适。也可以不使用拔毛刀，用手指拔毛来给狗狗微调毛发造型。

拔毛刀还可以用于运动风格造型的收尾工作。在狗狗背上从头到尾使用拔毛刀，可以润饰剪刀剪毛后留下的痕迹，达到自然的效果。

# 2. 梳子

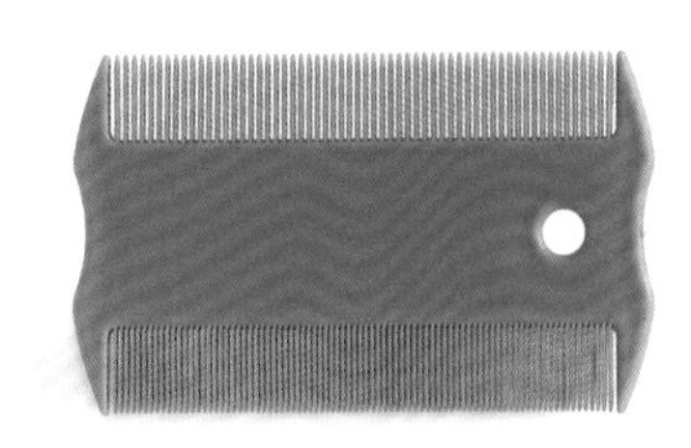

## 跳蚤梳

跳蚤梳最适合用来清理狗狗身上的跳蚤和蜱虫。新手美容师最好使用塑料跳蚤梳，因为塑料材质比较柔软。在去除狗狗脸部干掉的分泌物时，塑料跳蚤梳也是最安全的选择。去掉干掉的分泌物前，需要先用稀释的无泪浴液润湿该区域，注意不要让浴液进入狗狗的眼睛里。跳蚤梳只能用在没有打结的毛发中。

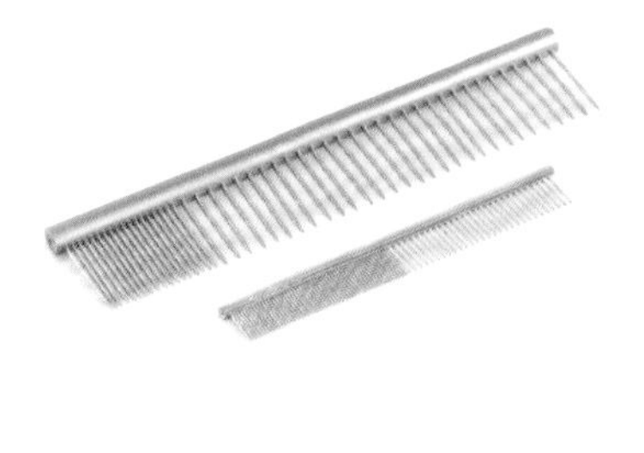

## 排梳

排梳是最耐用且最容易清洁消毒的梳子。排梳有很多不同的形状和颜色。长约20厘米的排梳，一般来说梳齿间隔及长度适中，是较为通用的型号，可以用在多数犬种身上。更短、梳齿更密的排梳适用于脸部及头顶；梳齿间隔大的排梳多用在躯干部分。

## 尖尾梳

尖尾梳多用在最后的面部造型，可以给狗狗梳一个完美的马尾辫。

注意选择尾部圆润的尖尾梳，过于尖锐可能伤害到狗狗。尖尾梳的尾部也可以用来挑开打结的毛发。

# 3. 剪刀

宠物美容中常用的剪刀有宠物美容剪刀和普通剪刀。

普通剪刀一般较小，左右刀柄大小基本相同，常用在小型修剪工作中。

宠物美容剪刀则有着更加契合手掌生理构造的造型设计，在剪毛过程中能更加平稳且精准。两个剪刀柄长短不一，有更大的空间来放松手指。大多数美容剪刀都有一个圆形螺丝，可以控制两个刀片之间的紧密度。美容剪刀最好只用于剪毛。

每个宠物美容师至少要拥有两把剪刀：一把用在准备工作阶段，也就是洗澡前，剪掉梳不通的毛结和多余的毛发；另一把用于正式剪毛阶段及收尾工作。

宠物美容剪刀是美容师最重要的造型工具。定期保养剪刀非常重要，这样才能保持刀刃清洁和锋利。绝对不能用宠物美容剪刀去剪纸或者丝带，美容剪刀只能用在宠物剪毛上。

宠物美容剪刀可以分为三大类，下面将逐一进行介绍。

**TIP**

如果是新手美容师，或者美容的狗狗过于紧张，这时可以选择一把圆头剪刀。剪刀前端是圆的，在狗突然活动时可以保障修剪工作的安全性。此外，圆头剪刀也非常适合用来修剪狗狗的面部及爪子周围的毛发。

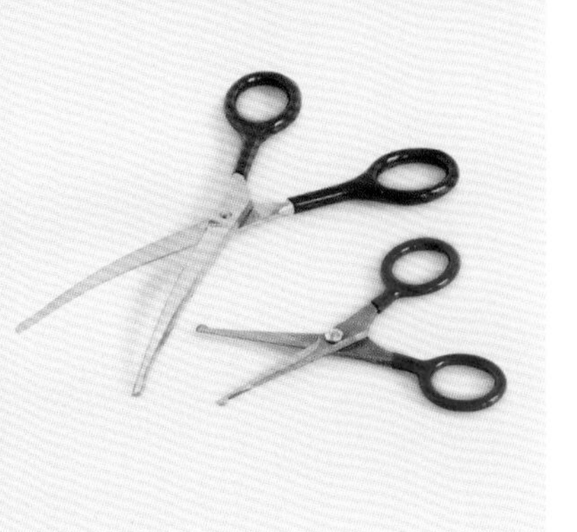

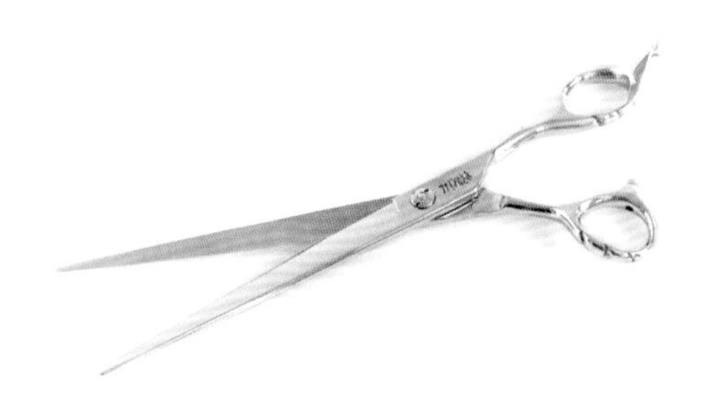

直剪有多种尺寸、重量可供选择，可用于多种被毛类型。

打薄剪的一条刀片为直刃，另一条为齿边刃，用来打薄被毛。同时，也可以用于润色及收尾工作。

想要熟练使用弯剪，需要进行一定的练习。弯剪可以帮助你给狗狗打造圆润的造型。

## 直剪

直剪有各种形状、长度及重量。刀片较厚的直剪适用于给发毛较厚的犬种剪毛，例如可卡犬或葡萄牙水犬。刀片较薄的直剪更适合给卷毛或单层被毛的犬种剪毛，例如卷毛比熊犬或贵宾犬。

## 打薄剪

打薄剪用于均匀不同区域的被毛。当你想要弥补修剪上的小失误，打薄剪将是最好的选择。打薄剪的一条刀片为直刃，另一条为齿边刃。打薄剪修剪的毛量取决于齿边刃的疏密。

打薄剪可以用来去除过多的毛发，很适合用在尾部、脚爪周围以及边缘部分。打薄剪不仅能够剪短毛发，还能减少毛量以及毛发密度，为狗狗打造一个更优雅、更整洁的轮廓。打薄剪很适合给需要通过全身修剪来维持自然外观的犬种剪毛，比如金毛寻回犬。

每次给狗狗剪修后，我都要用打薄剪对全身进行微调，让整体边缘更加柔和。

## 弯剪

弯剪具有不同的长度和弯曲程度，适合用来修剪圆滚滚的脑袋或者脚爪。这是一种会让你越用越喜欢的剪刀。19.1厘米长的弯剪是最常用的型号，足以承担大多数宠物犬的美容工作。如果是小型犬，尤其在给它们的耳朵周围修毛时，需要使用更小号的弯剪。

## 选择合适的剪刀

值得重申，你选择的所有美容工具，使用起来都应该让你觉得很舒服、很顺畅。如果你的剪刀用起来就好像是手臂的延长，修剪工作就会得心应手。如何选择一把合适的剪刀呢？将剪刀放在手上掂一下重量，确认剪刀的两端，即剪刀柄与刀片的重量分布是否均衡。

大部分剪刀厂家都有两条产品线，一条生产顶级剪刀，另一条则生产相对经济的产品，一般来说，两者的设计都是相似的。因此，比起选择一家只生产廉价产品的公司来说，从一家高品质公司中选择相对便宜的剪刀可能更具性价比。

## 剪刀保养

所有锋利的美容工具都需要进行定期的精心保养，让它们具有良好的工作状态，让美容工作更加顺畅。使用制造商指定的养护油是最保险的做法，可以让工具保持锋利、防止锈蚀。如果不小心把剪刀掉到坚硬的台面上，很有可能摔坏剪刀。最好在柔软的垫子上进行修剪，避免手滑造成代价昂贵的意外。

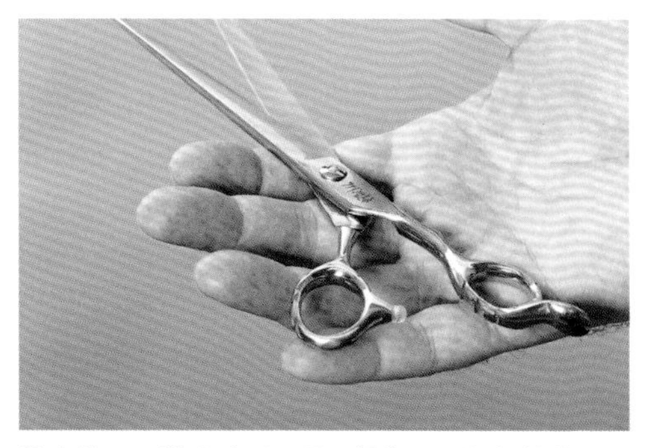

检查剪刀两端确认重量是否均衡。一把好的剪刀能让修剪工作更加自信、更加顺手。

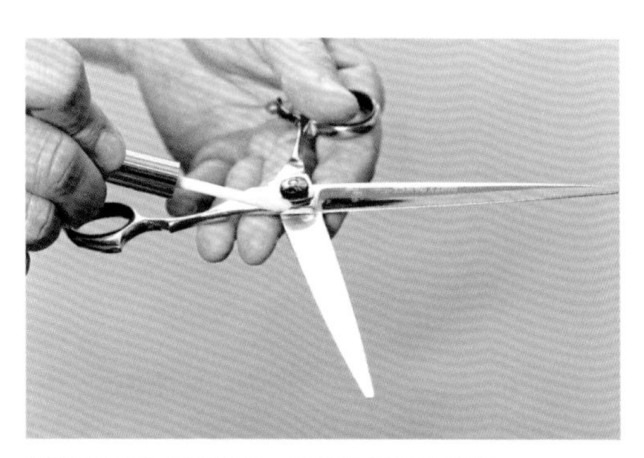

剪刀的刀刃必须锋利、无锈蚀且活动顺畅。

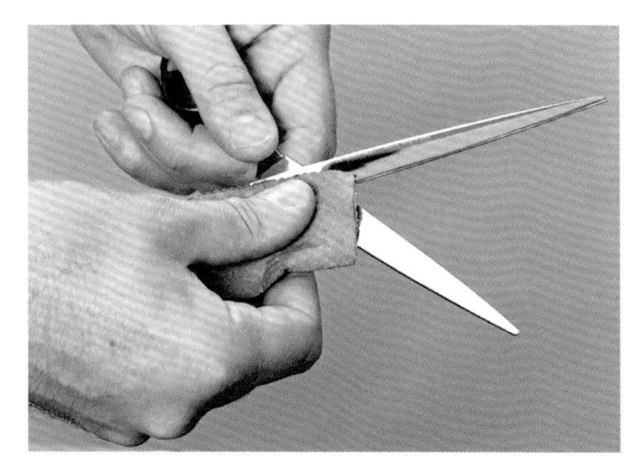

剪刀也需要定期保养，定期使用制造商指定的养护油擦拭，并且在使用过程中轻拿轻放。

## 剪刀的用法

选择一把手感良好的剪刀，这是精准修剪的前提。

有必要花一些时间熟悉剪刀的重量和平衡感，有助于更好地控制剪刀和提升工作自信。

要让自己的肌肉熟悉一把剪刀并且熟练使用它，这需要进行一些练习，但很快就会熟能生巧。这时，你的注意力就会转移到正在修剪的对象上，而不是如何使用剪刀。

首先，拿好剪刀，保持手腕伸直。试着只使用拇指开合剪刀，其他手指保持不动。拇指需要尽可能放松，才能让手部有更大的活动空间。

持续练习张开、合上剪刀的动作，直到能够不费吹灰之力只用拇指的力量完成这个动作。接下来，加上小臂的力量，使用小臂控制剪刀移动的方向。注意是小臂，而不是手腕。小臂能够更好地控制剪刀的方向、更精准地使用剪刀，使修剪出来的轮廓更加整齐。而改变手腕的方向会使剪刀的角度发生改变，剪出的轮廓参差不齐。

刚开始使用剪刀时会感觉很不自然，好像在跳一支僵硬的“机械舞”。慢慢地，你的身体会习惯这些动作，有时甚至意识不到自己的动作。

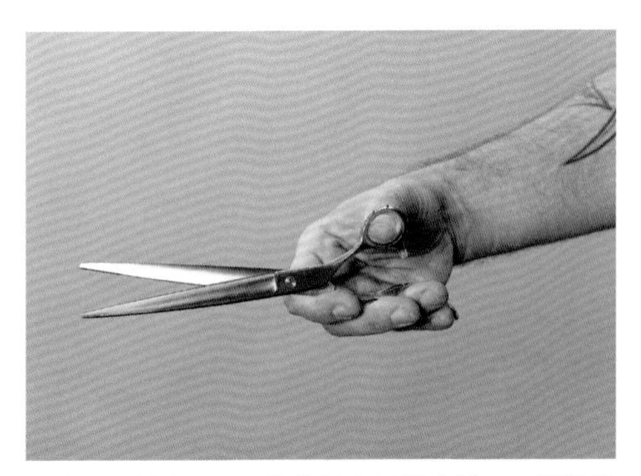

保持手腕伸直，只用拇指的力量开合剪刀，保持剪刀刀刃的角度在动作过程中不变。

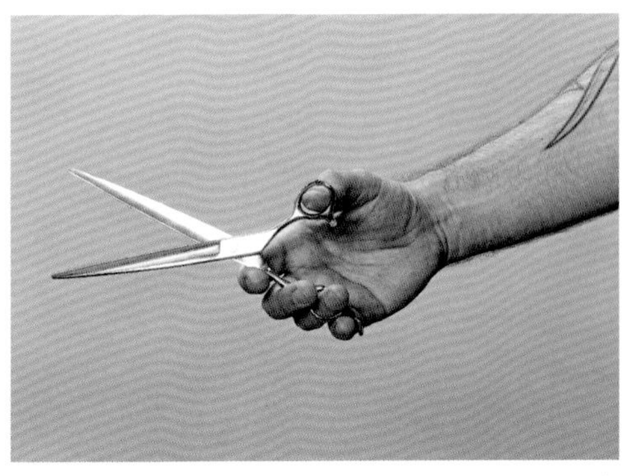

熟能生巧，直到剪刀的开合变得自然流畅。下一步加上小臂的动作来控制剪刀的方向。

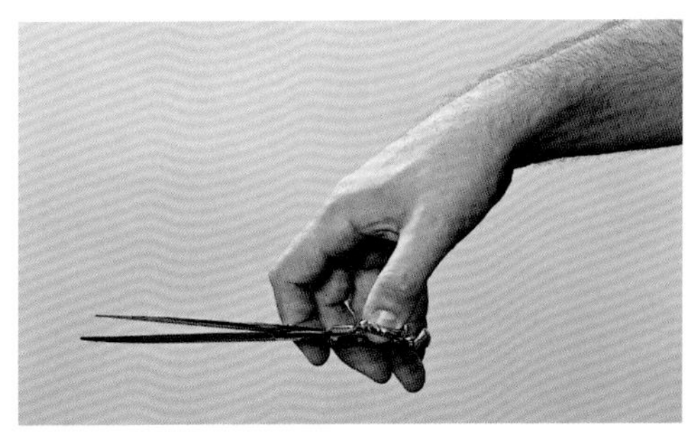

改变剪刀的方向时，注意保持手腕和手掌的姿势不变。

# 4. 电剪（电推剪）

宠物用品制造商提供了各种各样的电剪供我们选择。有轻便又便宜的电剪，主要用来修剪耳朵周围的毛发及胡须（**图1**）。也有适用于各种被毛长度的比较耐用的电剪，通常带有可调节或可更换的刀刃（**图2**）。

刀片型号表示使用后留在狗狗身上的毛发长度。如果你想通过型号对比两款刀片，可以参考刀片型号表（第34页）。

电剪分为有线和无线两种。大多数专业宠物美容师使用有线电剪，因为它们更加耐用，动力更足，而且不会因为电池没电而罢工。与其他工具一样，定期保养电剪可以使修剪工作更加轻松顺畅。

## 如何拿电剪

使用电剪的过程中，始终牢记刀片与皮肤保持平行。用均匀且稳定的速度移动电剪，才能修剪出平滑的效果。如果移动速度过快，刀片不仅剪不断毛发，反而会将毛发直接拉扯下来。

手握电剪时要稳，但不要过于用力。如果攥得太紧，手会失去灵活性，无法精确地沿着狗狗的身体线条移动。刀片与狗狗的皮肤保持平行，可以使你在不抓伤或刺伤狗狗的前提下适当施加压力。避免用电剪“铲”毛，因为刀片尖端非常锋利，会戳伤狗狗。熟能生巧，使用电剪的次数越多，它与手就会越默契。

①

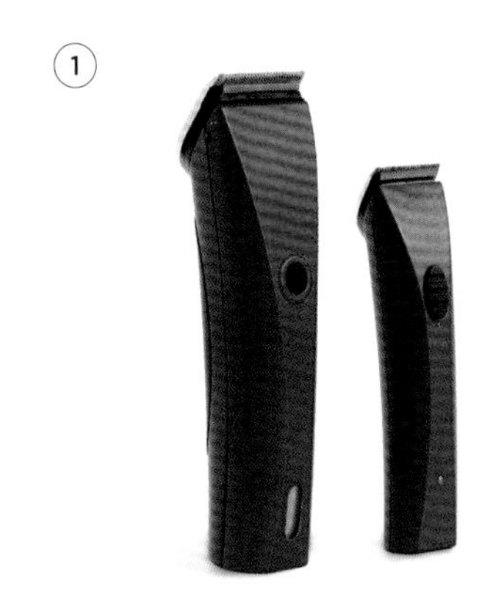

宠物市场为我们提供了各种各样的电剪，选择合适的类型会让你事半功倍。

②

这种电剪可以拆掉刀片，换上不同长度的刀片，以获得不同的剪毛长度。有线电剪可以让你从容工作，不必担心电池没电。

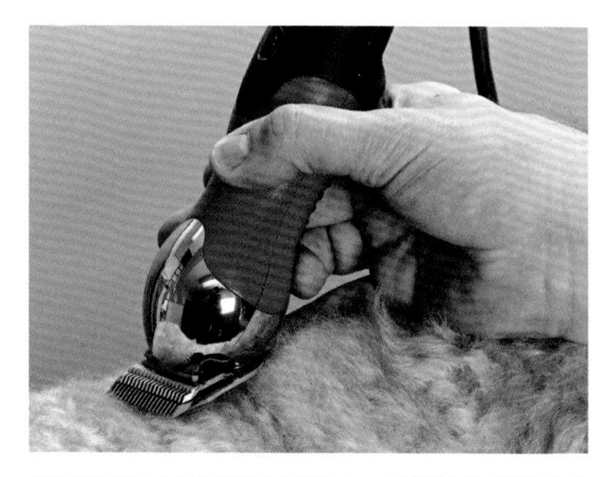

手握电剪时力量要稳定且适中，可以让你更好地感受狗狗的身体线条并且沿着线条的起伏来剪毛。

## 处理毛结

为毛发打结的狗狗剃毛时，需要随时拉紧皮肤，并且注意电剪刀片的走向，避免刀片过于靠近皮肤，将毛发直接拉扯下来。如果狗狗身上的毛发打结太严重，需要先用圆头剪刀剪出一片区域，以便使用电剪。在将毛结拉离狗狗的身体时，皮肤也会被拉起来，因此不要将刀片垂直于狗狗的皮肤，这会让皮肤与刀片过近，是很危险的。使用剪刀修剪毛结时，也要让剪刀与皮肤保持平行，并且必须在看清刀片的前提下才能移动剪刀。

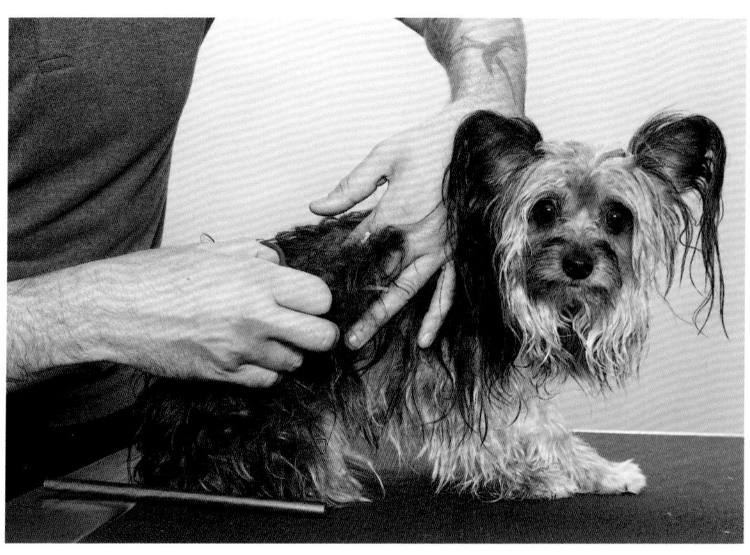

防止狗狗毛发打结需要恒心，去除毛结需要耐心。慢慢地去除毛结会让狗狗感到放松，能更好地进行接下来的修剪工作。

## 电剪的用法

使用电剪时要站在狗狗的后方，从颈部向尾部推毛，注意让刀片一直朝向自己。除非要做一些特殊造型，否则必须顺着毛发生长的方向推毛。背上的毛要从脖子向尾部推，侧面及腿部的毛要从上向下推。**（图1）**

当电剪靠近皮肤较松弛的地方时要格外小心，因为刀片很容易扎进松弛的皮肤中让狗狗受伤。为了使电剪移动顺畅，可以用另一只手拉紧周围的皮肤。**（图2）**

电剪持续工作几分钟之后，刀片会变热。因此，需要经常用手臂确认刀片的温度，避免刺激或烫伤狗狗。如果刀片过热，要立刻停下来，用冷水喷雾或者将刀片放在冰凉的东西上降温。在等待刀片冷却的过程中，可以做别的工作，比如修剪指甲，或者用剪刀修剪头部的毛发，或者让狗狗休息一下，通过抚摸让它们知道事情进行得很顺利。

为了让电剪推毛的效果平整光滑，使用长度较长的刀片时要确认毛发事先经过清洁和梳理，避免推毛后留下参差不齐的轮廓。

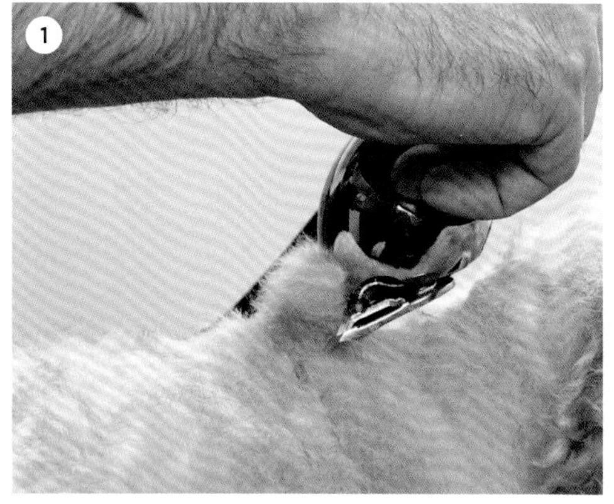

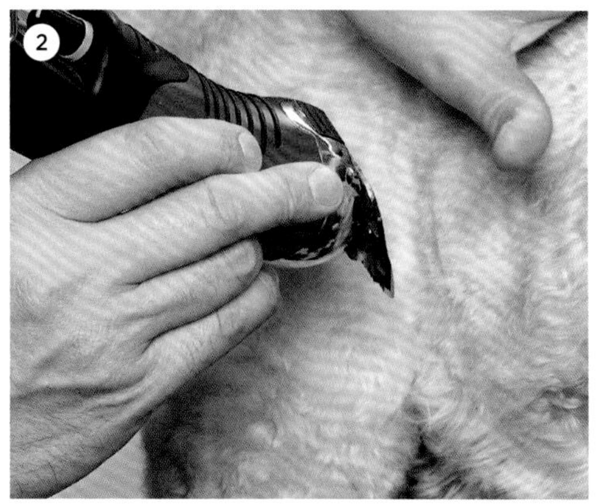

推毛时站在狗狗的后方，从颈部推向尾部，其间保持刀片朝向自己。记住不要将电剪握得太紧，保证足够的灵活性和精确性。

## 辅助梳

电剪制造商会提供各种修剪长度的辅助梳供我们选择，使用辅助梳可以给刀片加一层保险。想要给狗狗修剪一个特定长度的毛发造型时，这些辅助梳非常有用，能为你节省很多使用剪刀的精力。为了使辅助梳发挥出最佳的效果，要确保毛发干净且没有毛结。除非制造商特别指定，一般辅助梳只能与30#刀片配合使用。

## 电剪与刀片的保养

与其他有刀刃的工具一样，每次使用后，电剪和刀片需要使用制造商指定的产品进行清洗。如果毛屑留在刀片上，会导致刀片氧化，不再锋利。

通过下表可以了解不同刀片型号的区别。

| 刀片型号 | 修剪后毛发的长度/mm | 躯干 | 腹部 | 面部 | 耳朵 | 脚爪 | 肛门 | 打结的毛发 |
|---|---|---|---|---|---|---|---|---|
| **30#** | 0.5 | | | | | ● | | |
| **10#** | 1.6 | | ● | ● | ● | | ● | |
| **8.5#** | 2.8 | | ● | ● | | | | ● |
| **7F#** | 3.2 | | | | | | | ● |
| **5F#** | 6.4 | ● | | | | | | ● |
| **4F#** | 9.5 | ● | | | | | | |
| **3 3/4#** | 12.7 | ● | | | | | | |

# 5. 指甲剪

我们很容易就能看出狗狗身上脏了或者毛发打结了，但是时常忽略指甲长长，因为指甲的位置比较隐蔽。我遇到过很多主人说他们更喜欢狗狗的指甲长一些，因为长指甲“看起来很可爱”。人们不愿意打理狗狗指甲的原因还有另一个——觉得害怕，这个相对更容易理解。许多人认为给狗狗剪指甲很可怕。不管出于什么理由，狗狗的指甲过长，会给狗狗带来许多严重的健康问题。

过长的指甲会改变脚爪的自然姿势，改变趾骨的位置，进而影响腿部的姿势。时间一长，很可能引起背部问题。你可以想象一下，自己长时间穿着一双不舒服的鞋走路会带来什么后果。

如果是非专业人士给自己的狗狗选指甲剪，狗狗的体型和指甲的大小决定需要用多大的指甲剪，此外，每种大小的指甲都有多种款式和型号可以选择。确定了指甲剪的大小后，接下来需要考虑的就是哪种款式更加契合你的手形，更适合你家狗狗的性情。

无论最终选择哪款指甲剪，都要在手边常备止血粉。止血粉中包含抗出血成分，可以快速缩小创口并裹住出血的血管。指甲出血并不是紧急医疗事故，但如果没有合适的产品止血，场面看起来可能会很可怕且棘手。如果不幸遇到了没有止血粉的尴尬情况，可以将玉米淀粉裹在出血的指甲上并保持数分钟。

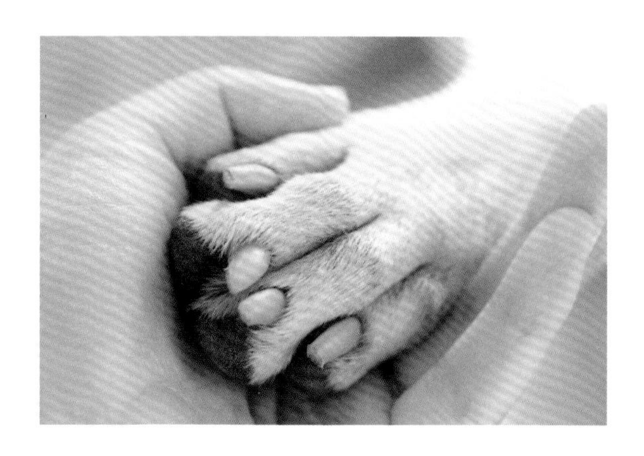

铡刀式指甲剪适用于各种大小的指甲，刀片在圆孔中移动，剪断指甲的顶部。

剪刀式指甲剪用起来很舒适，适合用于小型犬。

## 铡刀式指甲剪

铡刀式指甲剪有一个圆孔，可以将狗狗的指甲放进去。捏紧把手，一片锋利的刀片将封闭圆孔并剪断指甲。

**优点：**刀片位置与底部是相通的，可以很容易找到正确的角度。此外，这样的设计还能让我们不用费太大力气就能剪断较粗的指甲。

**缺点：**使用时需要把指甲伸进一个小孔里，因此很难看清楚指甲。不太适合长毛犬或者脚爪较小的犬种。

## 剪刀式指甲剪

这种指甲剪外观与小剪刀相似，顶端近似圆形，刀刃朝向摆放指甲的位置。

**优点：**很容易上手，使用起来与普通剪刀相似。这种剪刀大多外形较小，用在小脚爪上非常安全，很适合给小型犬剪指甲。

**缺点：**不适合大型犬或指甲较粗的犬种使用。

## 指甲钳

指甲钳是我个人最喜欢的工具，因为它使用方法简单。指甲钳有各种型号，大多数指甲钳都有一个安全保护装置，可以避免将指甲剪得过短。

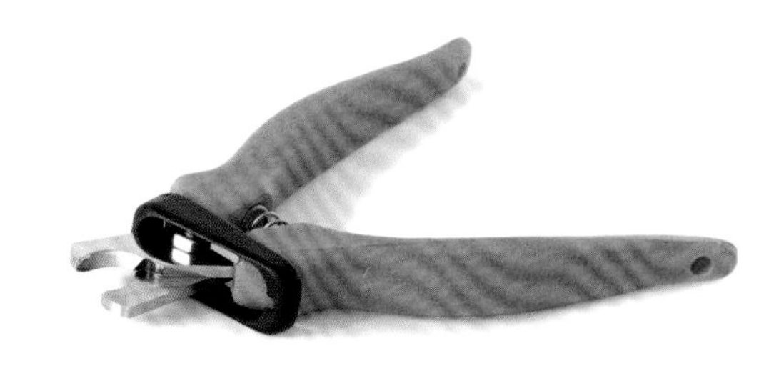

我最喜欢用的剪指甲工具是指甲钳，因为指甲钳有各种型号，而且还有安全保护装置。

## 电动磨甲器

对于从小就习惯被人们摸脚爪的狗狗来说，电动磨甲器十分好用。当狗狗比较信任你时，它才会乖乖忍受磨甲器的振动。电动磨甲器是用来磨圆指甲边缘的绝佳工具，对于有皮肤问题会经常抓挠自己的狗狗尤其实用。将狗狗的指甲剪短，以后只要定期使用电动磨甲器就可以了，能节省大量保养指甲的时间。

## 指甲锉

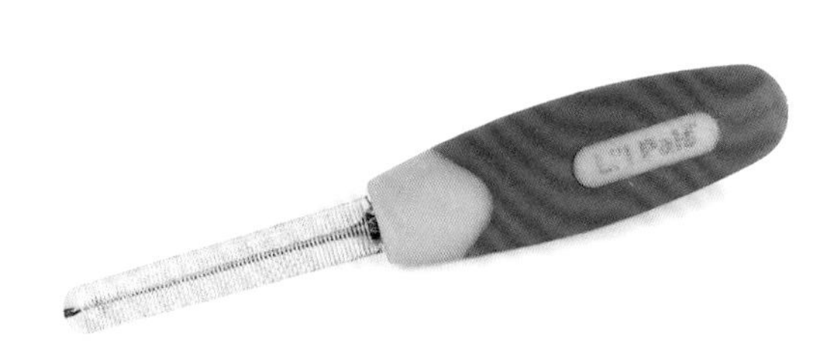

使用指甲锉可以将刚剪好的指甲磨圆润，避免主人被抓伤。

宠物犬专用的指甲锉与人类使用的指甲锉十分相似，只是材料更加坚硬，并且有一个更加舒适的把手。

不论使用哪种工具剪指甲，都会形成尖锐的指甲边缘，不仅会让欢迎你回家的温情时刻变成一场抓挠大战，更会让你的新沙发面临极大的危险。因此剪指甲后要用指甲锉打磨指甲，让指甲边缘变得圆滑，对人对狗对你的家都更加安全。

**优点：** 可以在剪指甲之后打磨指甲边缘。

**缺点：** 如果狗狗不想剪指甲，那么让它指甲变短的唯一方法就是使用指甲锉磨短。但是用指甲锉将长指甲打磨到想要的长度会花费大量的时间。

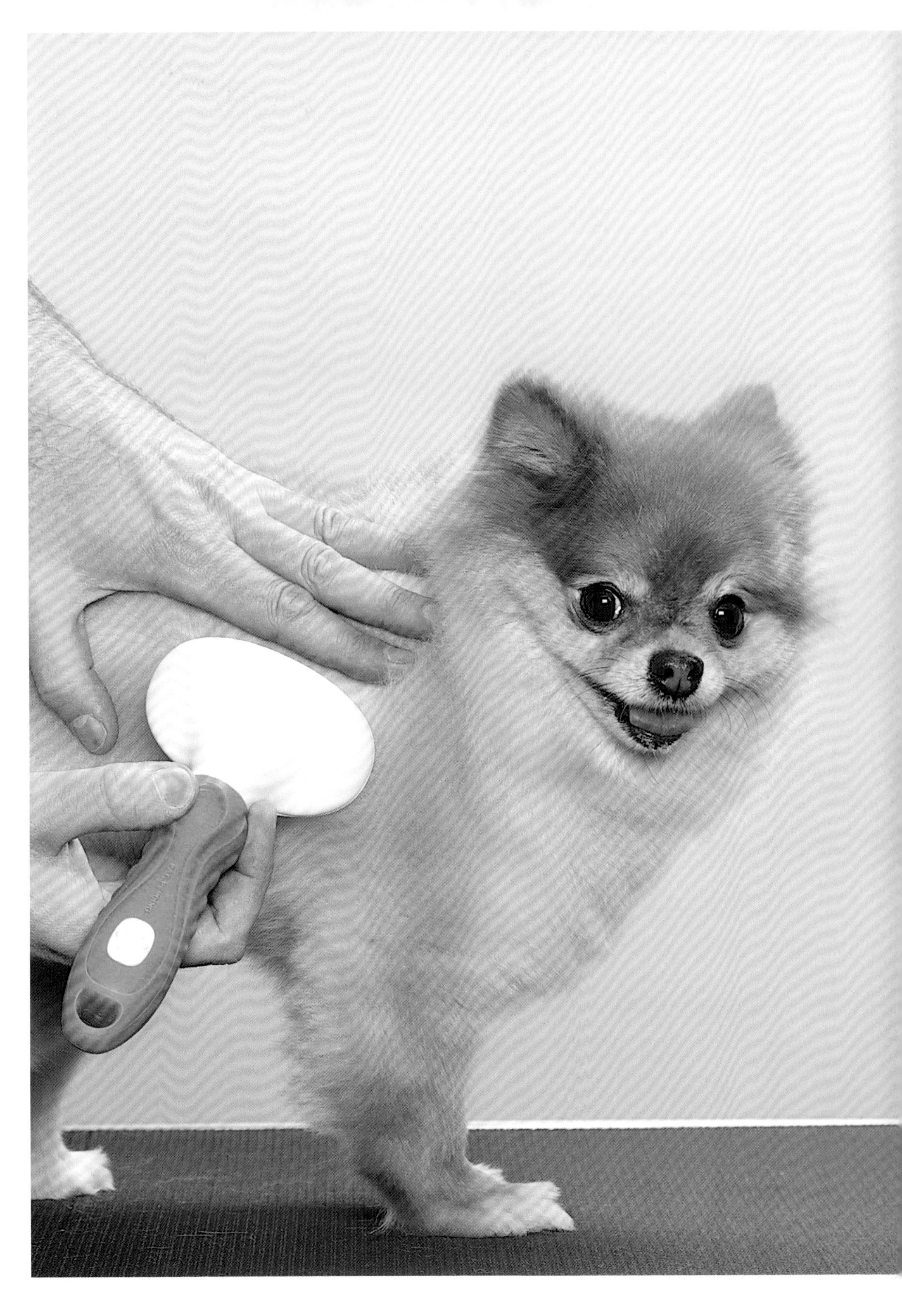

# 梳理毛发

给狗狗梳毛很重要，不仅可以让狗狗保持良好的外形，更能提前发现一些早期的健康问题。

正确的梳毛可以让你看清狗狗身上的每一部分，更容易发现抓伤、撞伤、过敏或受刺激的皮肤、耳道问题、跳蚤或其他寄生虫等。一些问题只要发现得早，就可以在家解决。即使需要去医院解决，收到的医院账单也能让人承受得起。最重要的是，早发现问题可以让狗狗少受病痛，更快痊愈。如果忽视这些问题，小毛病会逐渐加剧，治疗起来会更昂贵、更痛苦，甚至成为危及生命的健康问题。

在感情层面上，梳毛与爱抚很相似。在自然界中，梳毛是动物之间宣示主权的行为之一，也是增进感情的主要方式。主人给狗狗梳毛会让狗狗认清谁占据主导权，并且让它感受到爱、关心及保护，能让主人和狗狗之间的感情更加深厚，并让主人获得狗狗的尊重和信任。

# 1. 日常梳毛

不论哪种被毛类型的狗狗，都需要进行日常的毛发梳理工作。日常梳毛能够防止毛发打结，梳掉死毛，加强皮肤的血液循环，强健毛囊，减少掉毛及毛发内生导致的潜在健康问题，帮助皮肤及毛发保持完美的状态。梳毛还能促进狗狗分泌天然油脂，让毛发保持健康的色泽。

# 2. 处理毛结

处理毛结的最好方法是防止毛发打结。造成毛发打结的原因不只是缺少养护，也与生活环境、自身特性等有关，很难让一身长毛的狗狗保持不打结的状态。

容易过敏的狗狗经常会有皮肤问题，导致身体大量分泌油脂，刺激皮肤，让它们在梳毛时感到不舒服。药品或麻醉药有时会使狗狗突然大量掉毛，让原本健康的毛发变得一团糟。母狗在发情期或者产后会自然掉落大量的毛发。

虽然上述客观事实可以让你在面对狗狗毛发打结时减少一些罪恶感，但是仍然需要在发现狗狗毛发打结时尽快采取行动，避免问题加剧，最终发展成更严重的健康问题。为了给毛发打结的狗狗尽可能多留下一些毛发，需要认真考虑开结总共需要花费的时间。最好将工作分成几部分，开一会毛结休息一会，防止狗狗受伤或者焦虑，有时甚至需要分成几天来完成全部的工作。

我有一段时间在头上留了脏辫儿（一种将头发紧紧缠绕在一起的发型），等我对它的热情消失之后，我尝试着自己解开脏辫。那时候我才真正了解到狗狗的感受——是的，我给自己用的也是宠物狗的开结工具。从那以后我竭尽所能地避免使狗狗的毛发打结。可以给狗狗选择一个利落的短毛造型，让它不用遭受不必要的、不舒服的，有时甚至是痛苦的经历。这些经历有可能会让美容变成狗狗长时间的心理阴影。

# 3. 开结

拆毛结之前尽可能整理好狗狗的毛发，这会让接下来的任务变得更简单。与其他美容工作一样，首先确认要解决的具体问题，其次确保拥有合适的美容工具，以及足够的时间来完成这项工作。

对于不同毛结，使用的工具也不一样。但是不管哪种工具都有一个共同点，都具有保护功能，可以防止划伤或割伤狗狗的皮肤。拆毛结时握住打结毛发的根部，防止拉拽时弄伤皮肤，注意不要太用力。一次只处理一个毛结，每个毛结都要这么做。此外，在毛结上使用免洗护毛素可以让拆毛结变得更容易。

## 软毛结开结

软毛结摸起来是软的，大多数情况下可以用手指解开。软毛节可以在中间开孔，然后用梳子或刷子开结。一只手抓住毛结根部，先用尖尾梳的尾端在中间开一个孔（**图1**）。从毛结外围即离皮肤最远的一端开始，用梳子一点点梳理（**图2**）。一部分毛结梳开之后，再用针梳梳理（**图3**）。不断重复上述步骤，每次都只梳理一小块区域，逐渐接近毛结的中心，也就是接近毛发根部的位置。

很多人都会犯一个错误，那就是跳过梳子的步骤，在毛结被梳开之前直接用针梳梳毛。这会形成毛团，损伤毛发，并且将毛结缠得更紧，让整个开结过程更加困难。

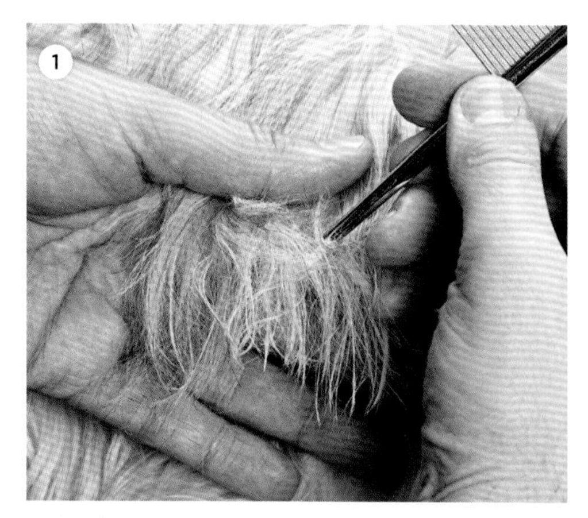


用尖尾梳的尾端在毛结中央开一个孔。

毛结开孔后，用梳子慢慢梳理毛发。

用梳子梳开一部分毛结之后，用针梳再次梳理。记住针梳要在梳子之后使用。

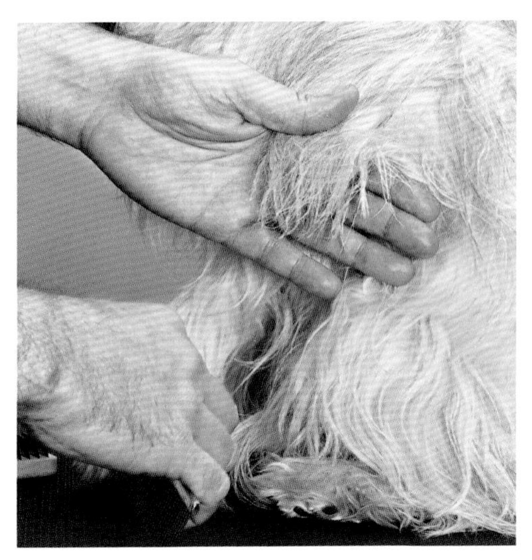

狗狗浑身打结一定会感到很不舒服。每次只处理一处毛结，从毛结根部靠近皮肤的位置拿起毛结进行开结。

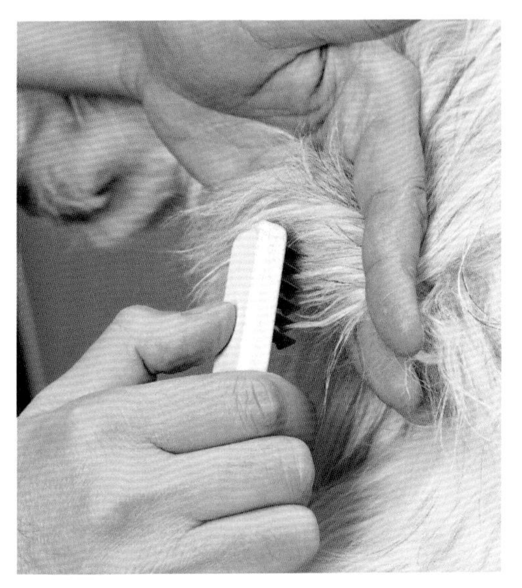

使用开结工具时，要一直将手放在毛结与狗狗皮肤之间，让手成为护盾，防止狗狗被刀片划伤，也防止拉扯到皮肤。

根据不同被毛类型、清洁情况，以及毛发质量，选择不同的开结工具。

将含硅的免洗护毛素涂在长毛犬的毛结上，能让毛结更容易被梳开。少量护毛素的效果就很显著，所以一开始只需要用一点点，不够的时候慢慢加量。

对于双层被毛中毛犬，可以撒上少量玉米淀粉来帮助梳开下层被毛中的毛结。

## 硬毛结

如果毛结已经缠得很紧，变得很硬，看起来像脏辫一样，那就不能只靠梳子来开结了。你需要更加强效的方法和工具。用剪刀以与皮肤平行的角度剪开毛结破除“封印”，然后用梳子或者其他开结工具处理毛结。大多数开结工具都有刀片，需要格外注意，不要割伤狗狗和自己。

对于长毛犬来说，一层厚厚的护毛素可以缓解毛结。用双手将护毛素揉进毛发中，可以让毛结变得松软。

# 4. 梳理下层被毛

下层被毛是双层被毛犬身上一层柔软的绒毛，生长在更厚、更坚硬的上层被毛下面。下层被毛的作用是为狗狗隔绝极端温度。

在冬季，上层被毛是第一道防护屏障，防止冷风和低温抵达下层被毛。而下层被毛则像是一件柔软蓬松的毛衣，让狗狗的身体温度保持正常。在夏季，双层被毛犬会进入掉毛期，以减少下层被毛的毛量，加强毛发下方的空气循环——下层被毛就像狗狗专用的空调系统，防止体温过高。因此，我们需要定期为狗狗梳理下层被毛，否则可能导致下层被毛擀毡，起到反作用：冬季变得冰凉、潮湿，夏季阻挡空气流通。

一把针梳和一把宽齿梳子就可以给狗狗定期梳理毛发了。在掉毛期或者狗狗下层被毛掉毛严重的其他时候（尤其是中毛犬，它们的下层被毛更厚），先使用宽齿梳，然后使用针梳，可以帮助狗狗去除过多的绒毛。

带有刀片的祛毛工具可以去除大量的死毛，但同时也会破坏上层被毛，还可能改变它们的质地。这会降低上层被毛对下层被毛以及身体的保护作用。因此没有什么比恰当的定期梳毛更能保持毛发健康了。

先用宽齿梳梳开下层被毛，然后用针梳完成收尾工作。

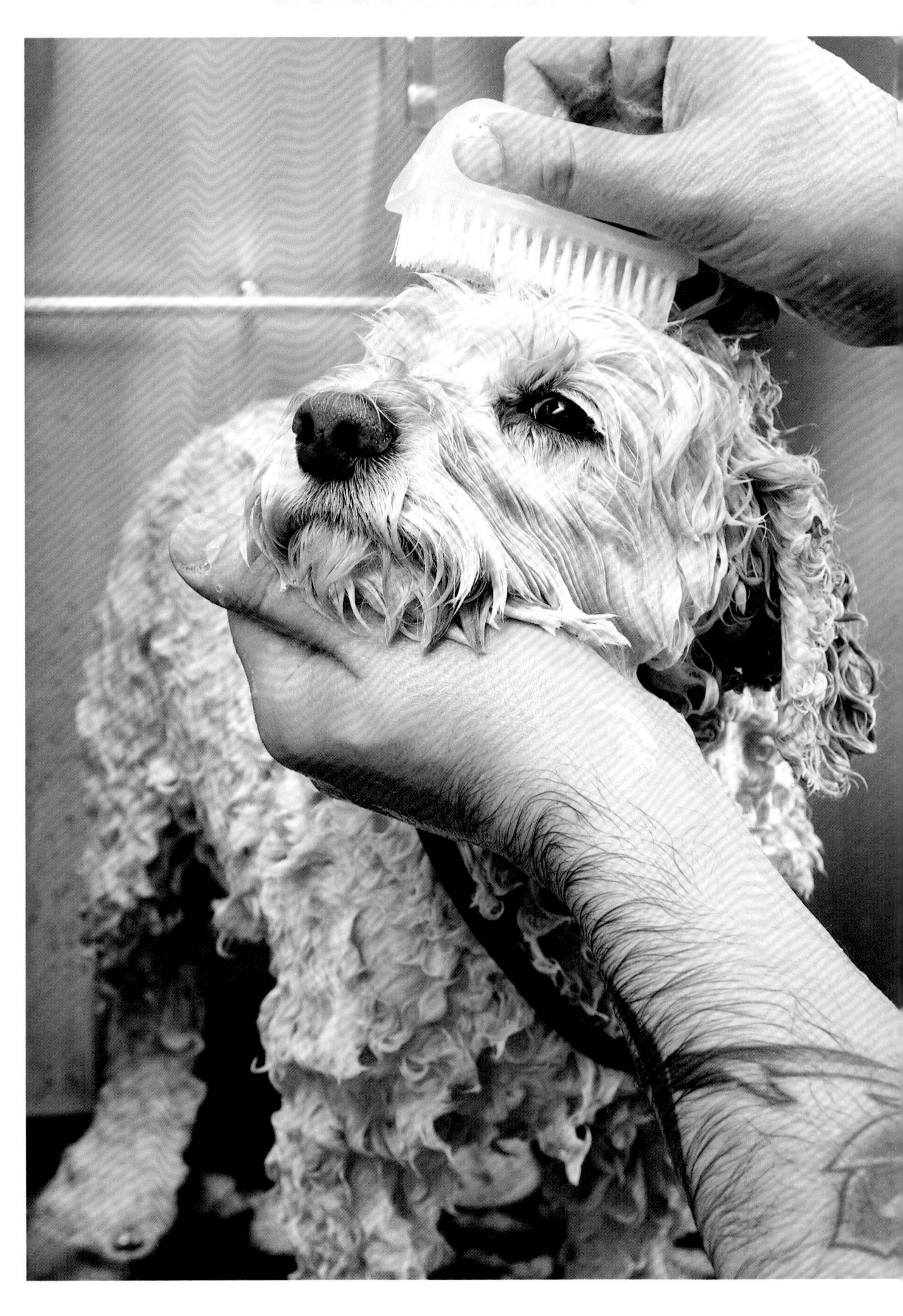

# 第4章

# 清洁

给狗狗洗澡可能是整个美容过程中最需要体力且最混乱的环节，但同样也是最重要且收益最高的环节，因为洗澡能给狗狗带来身体和心情上的双重满足。

洗澡时用橡胶刷给狗狗梳毛会让它感到非常舒适，好像人在做顶级spa一样。毛发根部有大量神经末梢和血管，梳毛会刺激神经和血管，让它感受到你们之间真实的羁绊，并且让它感到放松，以更加舒适的心情面对接下来的美容。

浸湿毛发，露出大部分皮肤后，需要仔细检查狗狗身上的任何异常，例如割伤、撞伤、抓伤、跳蚤、蜱虫等。就像我们洗澡时会确认身上有没有什么平常看不到的问题一样。涂抹浴液时也多加注意，用手去感受狗狗全身的皮肤，确保没有增生或长在皮肤下面的可疑肿块。用手指轻轻按压肌肉和筋络周围可以让狗狗放松，减少年迈的狗狗或其他狗狗的肌肉痛及关节痛。

“如果一个人不知道肥皂是什么味道，
那他一定没有给狗洗过澡。”

——富兰克林·P.琼斯

# 1. 浴液

## 人类的浴液、犬类的浴液？

犬类虽然是人类最好的伙伴，但与人类在解剖学上存在很大差别。

人类全身都分布着汗腺，包括头皮，汗液通过皮肤排出体外是人类的排毒方式之一。而大多数犬类只能通过舌头和爪垫排汗，通过肾脏过滤毒素，通过尿液与粪便将毒素排出体外。犬类皮肤的pH值（衡量身体酸碱程度的指标）也与人类不同，人类皮肤的pH值在5.5左右，犬类则在7.5左右。

正因为人类的头皮会出汗，所以需要使用强效洗发水来洗掉头皮上分泌的毒素和油脂。而犬类不会通过头皮和身体排汗，所以犬类专用的浴液要更柔和，主要功能是渗入毛发内部，在不损伤毛发的前提下带走脏污。与人类的毛发相比，狗狗的毛发更容易与硬物相互拉扯、摩擦，这也是毛发干枯、易断的原因。

如果在家里给狗狗洗澡，没有专用浴液，或者用光了没有及时补货，也无需担心，可以用婴儿洗发水替代。婴儿洗发水非常温和，且与狗狗浴液具有相近的pH值，但是之后要用护毛素修复受损的毛鳞。

另外需要注意的是，人类的皮肤厚度为10~15层细胞，而犬类的皮肤厚度只有3~5层细胞。因此，犬类对刺激性化学产品的反应会更大。

## 选择合适的浴液

可以把市面上的宠物狗浴液分为三大类。

### ● 普通浴液

这类浴液具有许多品种，但是基本成分相差不大。不同的添加剂使浴液在特定毛发类型上表现效果更好，比如白毛、黑毛、干枯毛发等。

天然止痒浴液也包含在这个大类别中，因为这种浴液只使用天然成分，例如燕麦，来达到舒缓效果。

### ● 药用浴液

把所有加入了药物成分的浴液都归纳在这个类别。在宠物商店中可以买到这类产品，但是最好在有医嘱的前提下使用。含有焦油或者硫黄的浴液确实可以明显改善某些皮肤问题，但是对于皮肤敏感的狗狗可能会导致更严重的问题。

### ● 驱虫浴液

市面上有很多种天然成分的驱虫浴液，这些产品用起来比较安全，可以达到一定的驱虫效果和预防的功效，尤其对于那些经常在户外玩耍的狗狗。如果使用含有化学成分的驱虫浴液，就需要增加必要的防范措施避免浴液进入狗狗嘴里或者眼睛里。建议在使用温和浴液以外的其他浴液时，给狗狗眼睛涂上防护软膏，并且在给狗狗头部使用浴液时多加小心。

**TIP**

按照制造商建议的稀释比例稀释浴液，可以提高浴液的使用感，减少皮肤反应。

## 护毛素

根据狗狗的被毛类型选择不同种类的护毛素。厚重的护毛素更难冲洗，会在毛发表面留下更厚的保护膜，是长毛犬和垂毛犬的最佳选择。轻薄的护毛素同样可以保护毛发，让毛发达到蓬松的效果，而且在毛发上的残留较少。与浴液一样，护毛素也必须经过彻底的冲洗，除非制造商有免冲洗的特殊说明。

## 免洗护毛素

这类产品最好用在两次洗澡之间或者日常梳毛时。免洗护毛素可以提高毛发亮泽度，增强毛发弹性，防止断裂。对于下层绒毛较厚或者被毛蓬松的犬种，建议使用免洗护毛素，可以防止护毛素在毛发中的堆积。免洗护毛素用量极少就能收获很好的效果，如果太多会让狗狗身上变得黏腻，让毛发变成一块吸灰磁铁。开始先少量使用，如果不够可以再加。

**TIP**

### 老年犬

给老年犬洗澡时要让它们站在浴巾或柔软的橡胶垫子上，这样它们才能有安全感并且站稳。湿滑的台面会让狗狗感到紧张，尤其是上了年纪或是有某些健康问题的狗狗，因为它们的四肢已经不再强健。

给狗狗洗澡时不要一心多用，要把所有的注意力都集中在狗狗身上。因此最好将洗澡安排在一个确定不会被打扰的时间段。

## 2. 在家里给狗狗洗澡的注意事项

为了保障狗狗洗澡工作能够安全进行且容易善后，需要考虑很多因素。开始洗澡后注意力要全部集中在狗狗身上，所以需要提前做好计划以免被打扰。每次你停下手里的活，狗狗都会觉得已经洗完了，它能够回归到日常生活中去了，再要把它拉回来就得费一番周章。

要综合考虑温度和狗狗的体型，找一个合适的地点给狗狗洗澡。如果是已经习惯了被抱着洗澡的小型犬，可以在厨房的水池里洗澡，前提是这个水池大小能容纳狗狗并且水龙头对狗狗足够友好。厨房的水池可以成为狗狗的洗浴区，而厨房台面则是绝佳的美容区。对于大型犬或者容易紧张的狗狗来说，浴缸是它们最好的洗澡地点。

洗澡之前列一个清单，写上需要的所有工具，确保不会因为落下工具而中途离开狗狗。把所有工具有序摆放在塑料框里，当你需要的时候可以轻松拿到。

仔细观察给狗狗洗澡的地方，想一下哪些地块会被淋湿，以及浑身是水和泡沫的狗狗可能会跑去哪里。大多数狗狗觉得浑身湿漉漉地到处跑很有趣，但是它们不知道浴液会让地面变得湿滑，容易导致意外。

# 3. 洗澡

一身清洁干净并吹干的毛发会让接下来的美容工作更加简单，且效果更好。洗澡之前，狗狗必须经过恰当的梳毛，确保所有的毛结都处理好。另外，洗澡前耳朵必须清洁好，指甲必须修剪好。洗澡前剪指甲可以减少出血的概率，洗澡之后血管会因为热水的温度而扩张，使指甲中的血压升高（参考72页）。此外，如果不小心把狗狗的指甲剪出血了，涂抹止血粉后最好过几分钟就洗掉，防止毛发变色或者狗狗误食（见72页的“指甲护理”）。

## 准备工作

先在浴缸里铺一层防滑垫，再将狗狗放上去。将牵引绳套在狗狗脖子上会让它感到安心，套上牵引绳意味着告诉狗狗不能或者不应该在这时去别的地方，所以我很喜欢在洗澡时用这个方法。有些狗狗对门铃或者电话的反应很迅速，把狗狗拴起来也能防止它们乱跑，顶着一身泡沫在浴盆外面跑很容易受伤。

## 水温

先放一会水，让狗狗适应水流出来的声音。同时可以试一下水温，确保温度合适。最好是微微温热的水。人类喜欢洗热水澡，但狗不喜欢。

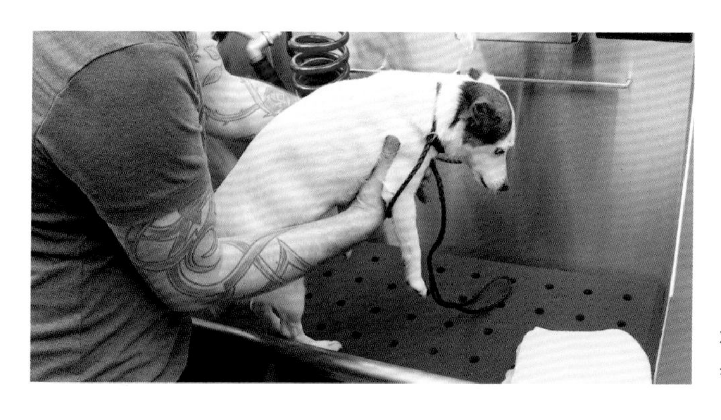

将狗狗放在防滑垫上会让它放松下来。

# 4. 使用浴液

先将狗狗的身体淋湿，过一会再淋湿头部，因为很多狗狗在水浇到头顶上时都会陷入恐慌。确认狗狗处于比较平静的状态，然后慢慢淋湿它的头部。给头部淋水时，让狗狗的头保持轻微上扬的姿势，防止水流进鼻子里。**（图1）**

洗澡的最佳步骤是从最脏的地方开始使用浴液，例如脚爪、肚子及私处，保证浴液有足够的时间深入毛发内部，达到深层清洁的效果。**（图2）**

最后淋湿头部和面部，并使用浴液，但最先冲洗干净头部和面部，减少狗狗甩水的次数，避免浴液进入眼睛、耳朵及嘴里。清洗狗狗头部时，可以用两只手捧住它的头，亲亲它的鼻子，告诉它你们两个都做得很好。

使用正确型号的洗澡刷，从爪垫开始刷洗，确保将指甲缝及爪垫间的污垢都清理干净。毛发淋湿之后，仔细检查皮肤，查看是否有跳蚤、蜱虫、割伤、抓伤或者其他的皮肤异常情况。**（图3）**

这是一个检查狗狗肛门腺的好时机，因为所有的分泌物都会顺着水被冲下来（见64页、65页的“肛门腺”）。

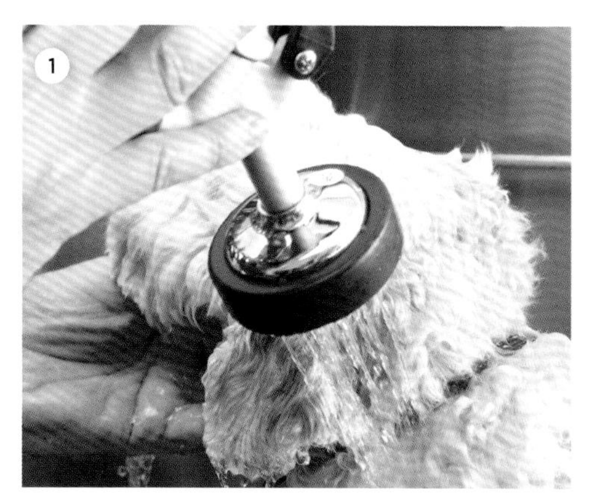


一只手淋水，另一只手抬高狗狗的头，防止水流进鼻子里。

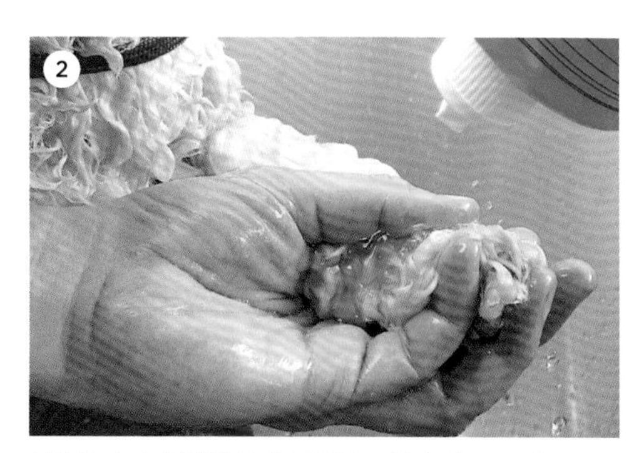


从狗狗身上最脏的地方开始洗，比如脚爪和肚子。

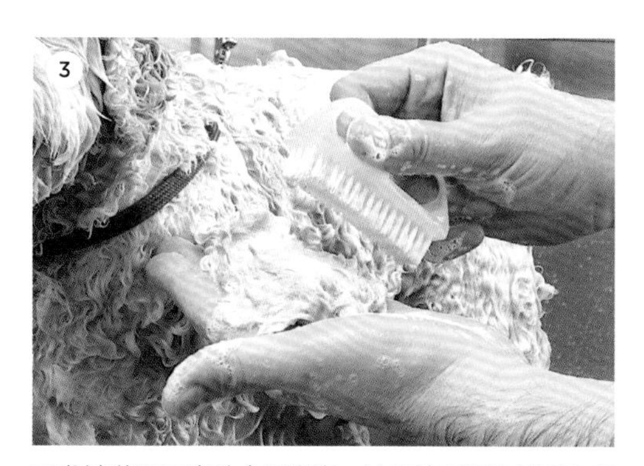


毛发被淋湿后皮肤会露出来，这是检查狗狗是否有皮肤问题的绝佳时机。定期给狗狗做护理之所以这么重要，就是因为可以观察到各种变化和异常情况。

## 5. 脸部

“你多久给狗狗清洁一次脸？”这是别人经常问我的问题之一。我一般会反问他们：“你自己多久洗一次脸？”

试着设身处地站在狗狗的角度思考一下：将脸埋在装满食物的碗里，只有舌头能用来擦脸；走在路上，所有的汽车尾气、尘土和碎屑都扑面而来；四脚着地奔跑在公园里，地上的泥土全都扬进了眼睛。很多主人给狗狗洗澡的时候都会忽略脸部，因为他们害怕水或者浴液流进狗狗的眼睛、耳朵或者嘴里。最后，我们就只能得到一张总是脏兮兮的狗脸。

主人应该尽可能经常为狗狗清洁脸部。每次出门遛弯或者去公园玩耍之后都要用湿巾或者湿毛巾擦拭狗狗的脸，让这个环节成为日常清洁的一部分。并且把洗脸作为洗澡时的一项主要任务。

## 清洁方法

先用手指搓洗并按摩狗狗的耳廓，洗掉多余的油脂。轻轻固定住狗的头部，用湿巾、面部刷或者梳子清洁眼部、前额以及下巴。脸部有褶皱的犬种（如斗牛犬、巴哥犬等），以及短鼻子、大眼睛的犬种（如狮子犬、马尔济斯犬等），洗脸时需要特别注意。所有的犬种都可以通过基础的清洁步骤避免因面部滋生细菌导致的泪痕。

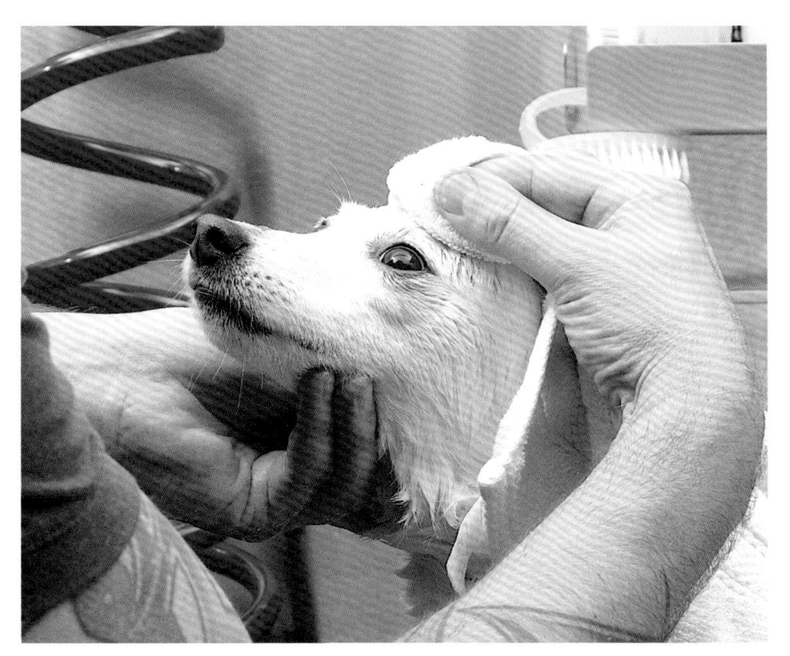

如果想完全避免浴液进入狗狗的眼睛，最好使用湿毛巾清洁脸部。擦拭狗狗脸上的褶皱部位，尤其是嘴巴及下巴周围的褶皱时，需要格外注意，这些部位容易堆积食物残渣、灰尘等污垢，这些污垢容易滋生细菌，产生异味，并且会使毛发变色。狗狗的鼻尖也要细心清理，因为它们有把鼻子伸进任何东西里的习惯。

## 脸部毛发变色

大部分脸部毛发变色包括泪痕，都是因为长时间的潮湿环境导致细菌滋生。另外，当小狗处于成长期及磨牙期时，它们的头骨经常会上下运动导致轻微错位。这样的错位会让泪腺分泌出的眼泪无法到达眼球，眼球干燥反过来促使泪腺分泌更多的泪液，让眼睛周围更加潮湿，从而形成泪痕。

对于扁平脸犬种来说，泪液并不是导致毛发变色的唯一原因。饮用水或者玩具上的口水都会增加脸部褶皱处的湿度，形成易滋生细菌的环境。

改变毛发变色问题的第一步就是，辨别变色的原因并将其扼杀在摇篮里。一旦已经有了问题可以通过内服或外敷，或者二者结合的方式解决。宠物商店里有许多相关产品，但如果不从根源上解决问题，不管什么样的产品都不会一直有效。

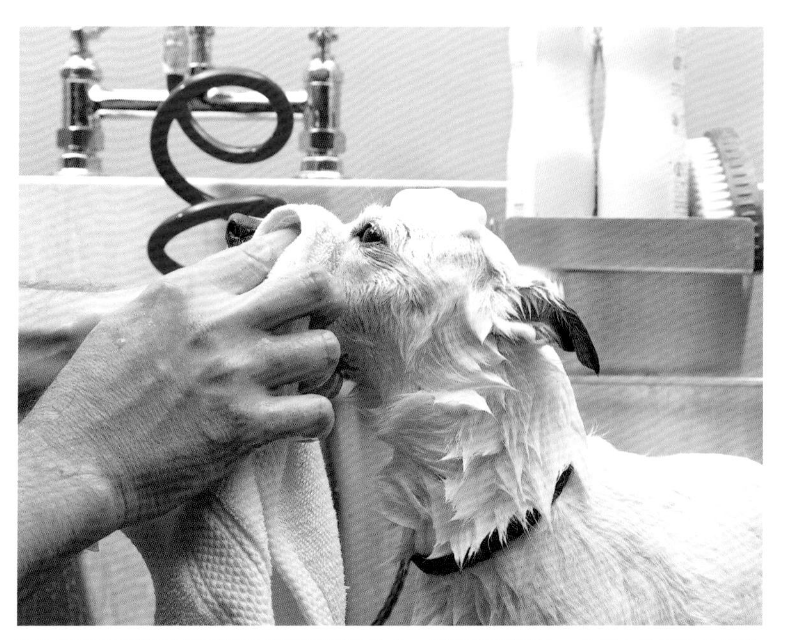

狗狗们喜欢把鼻子伸到各种意想不到的地方。给狗狗洗澡时，必须十分细致地清洗它的脸部。

## 眼睛

使用外敷法时，需要准备药品以及专门用来清洁泪痕的眼部湿巾。眼粉可以从外观上缓解泪痕，但有可能刺激狗狗的眼睛，导致分泌更多的泪液。相关产品可能会包含少量抗生素，使用之前一定要先咨询宠物医生。

用无绒棉球、棉片、湿巾或者纸巾清洁狗狗眼部。注意不要在面部干燥时擦拭，摩擦刺激这些区域会让问题变得更严重。**（图1）**

如果狗狗刚在沙地里或者尘土飞扬的地方玩耍过，擦拭之前最好用专用的洗眼液洗掉附着的灰尘。**（图2）**

塑料跳蚤梳也可以安全地清理掉狗狗眼睛周围的沙子。

一点沙子或者碎屑就能堵塞泪腺，这会让狗狗非常难受。这种不适感会让它想方设法蹭自己的脸，在地毯、草坪上蹭，甚者在大街上蹭，最终会导致严重的眼部损伤。

内服法则是改变狗狗的唾液和泪液的pH值，抑制细菌的生长，这个方法已经被证明非常有效。可以通过在狗狗的水和食物中添加碱成分来实现，比如钙、钾或有机苹果醋等。

不论浴液是否流进眼睛里，用无添加的洗眼液冲洗狗狗的眼睛都是一个很好的保护措施。

对于油脂过多或者身上过脏的狗狗，如果有必要，可以用两遍浴液，将狗狗脸部完全清洁干净。

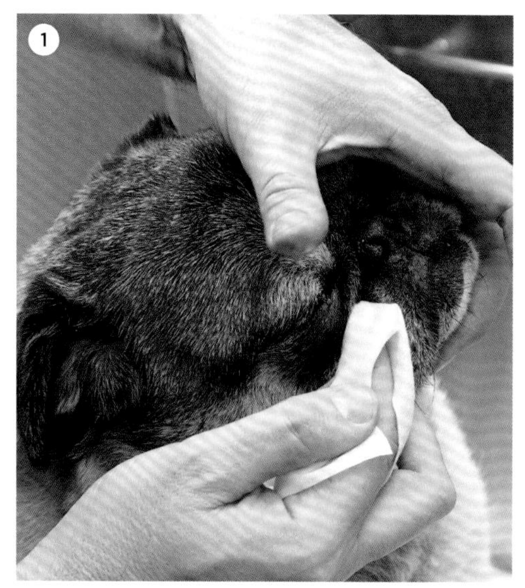
1

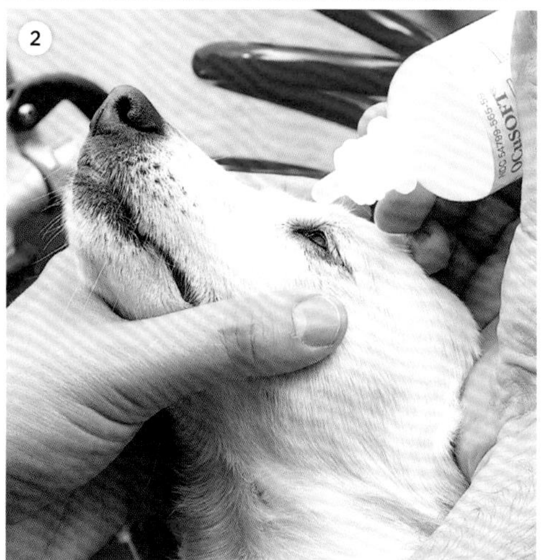
2

耳道看起来应该干净、通透，颜色应该和耳廓相同。如果耳朵看起来又肿又红，像一个愤怒的人脸，那么是时候去看宠物医生了。

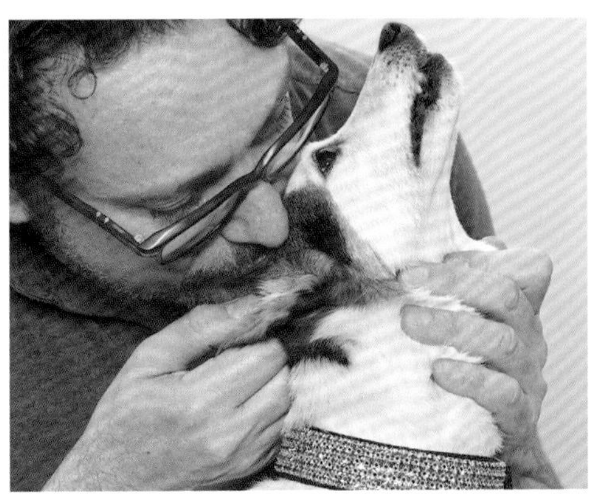

耳朵内任何强烈的气味都应该引起警惕，这是在提醒你该带它去宠物医院了。

# 6. 耳朵

正确的耳朵清洁应该从彻底检查双耳开始。

## 看

目视检查可以发现很多异常情况，有以下几种。

- 发红
- 炎症
- 脓肿
- 划痕
- 多余的毛发阻塞耳道
- 寄生虫

## 闻

通过闻也可以发现耳朵内的一些异常情况。健康的耳朵里的气味应该和狗狗的其他部位一样。任何强烈或者令人不快的气味都表明出现了问题。

如果检查后发现耳朵是健康的，接下来就开始清洗吧。

棉球在犬类专用的耳朵清洁液中浸泡后，放入狗狗的耳道中，同时轻轻按摩耳朵，让它觉得只是在按摩。在按摩过程中轻轻清除耳朵上的污垢。**（图1）**

松开耳朵后，狗狗可能会本能地甩头。最好将头移开，给它留出空间尽情地甩头。在淋浴间或浴缸里很容易发生意外，所以一定要扶着狗狗，防止它在浴缸里滑倒受伤，特别是当它在甩头的时候。

如果有必要，重复清洗耳朵的过程，确保所有污垢和耳垢都被清除了。

彻底冲洗耳朵周围，用拇指轻轻地覆盖耳道避免水进入耳道，或者将耳朵向下翻，从上面淋水。一定要确保水不会进入耳道。**（图2）**

洗完澡后，向狗狗的耳朵里滴几滴耳朵清洁液，改变耳道内的pH值，抑制细菌生长。

如果狗狗的耳朵有感染的症状（会闻到一股强烈的气味），需要向宠物医生咨询，确定使用的产品是否合适。

如果用棉球来保护狗狗的耳道，现在可以把棉球拿出来了，然后滴几滴耳朵清洁液，避免湿气积聚。**（图3）**

确保使用的是犬类专用的耳朵清洁液。

被清洁液浸湿的棉球在耳道里滑过的感觉，就跟有人在给它揉肚子一样舒适。

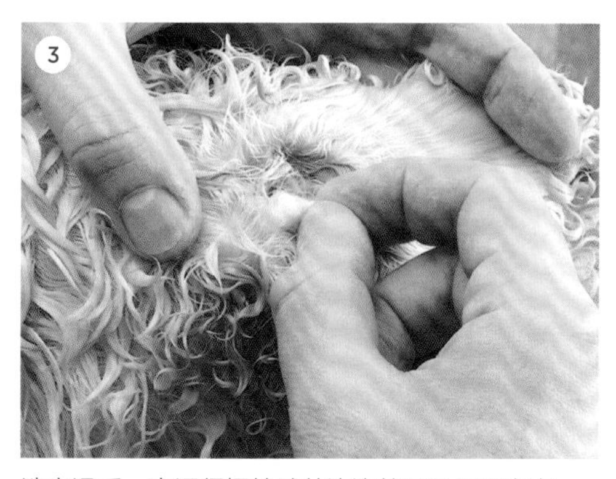

洗完澡后一定记得把棉球从狗狗的耳朵里取出来。

## 清洗

### ● 洗澡时清洗耳朵

狗狗耳朵里的皮肤非常脆弱，听觉非常灵敏，因此当你试图清洁它们的耳朵时，狗狗会特别紧张。

使用棉球是清洁耳朵最好、最温和的方式。给狗狗洗澡时把干棉球放在狗狗的耳朵里，可以确保水不会进入耳道。流进耳朵的水会导致感染以及严重的健康问题，尤其对于垂耳犬或折耳犬。尽管健康的耳朵在洗澡时可以不用塞棉球，但作为安全措施，使用棉球总是更保险一些。

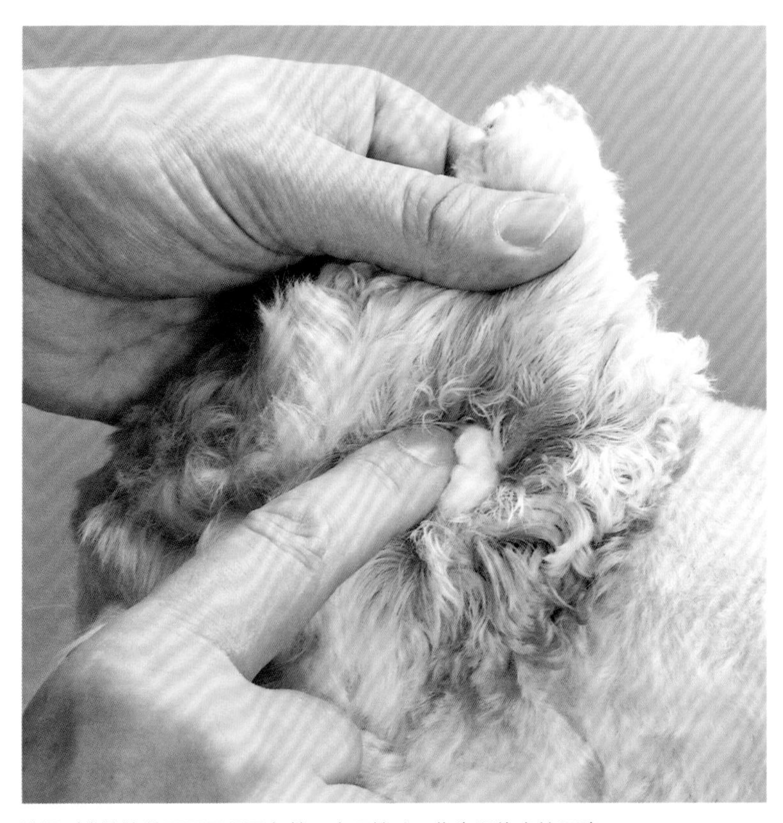

洗澡时在狗狗的两只耳朵里各放一个干棉球，作为隔绝水的屏障。

## ●耳毛过多

如果狗狗耳朵里耳毛过多，可以用手指或止血钳轻轻地拔除。先把耳朵拉开，撒一些耳粉，便于拔除耳毛。**（图1）**

然后用一只手固定住耳朵，用另一只手的手指捏住多余的、可能打结的耳毛，轻轻地拔下，一次只拔除几根耳毛。**（图2）**

如果耳朵里面或者耳朵周围的毛发很油，可以在上面撒一些玉米淀粉或婴儿爽身粉，等几分钟后再清洗干净。**（图3）**

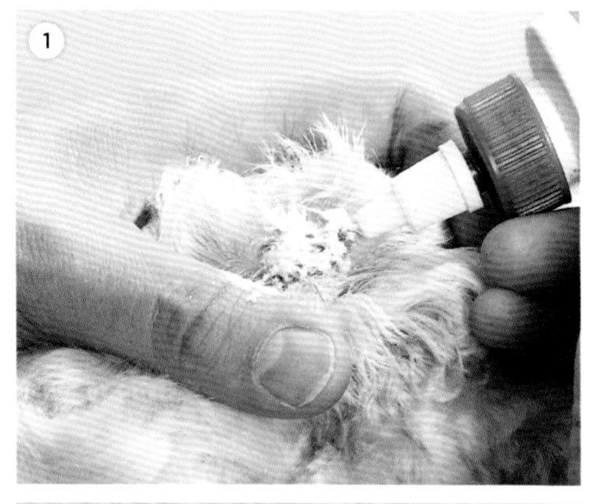
1

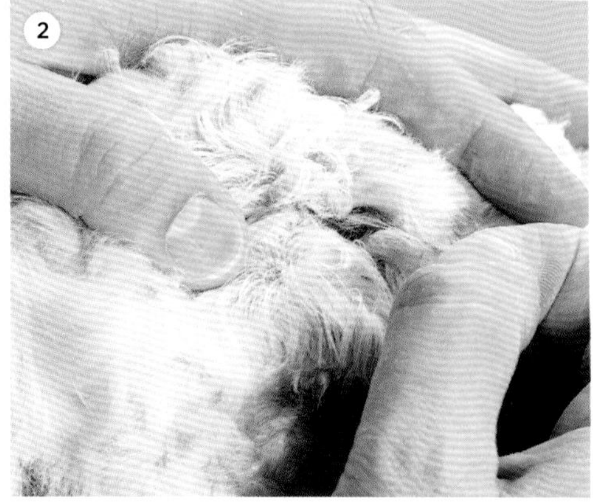
2

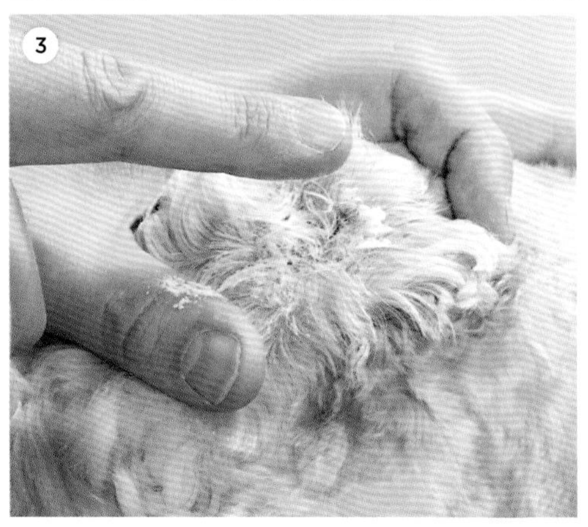
3

# 7. 冲洗

狗狗身上最脏的部分是离地面最近的脚爪和肚子。以从头到尾、从上到下的顺序冲洗，可以防止脏水流到已经洗干净的部位。另一只手随着冲洗部位的移动轻轻按摩，确保水渗透到毛发下方，并且将泡沫彻底冲洗干净。一直冲洗，直到流下来的水不再浑浊为止。浴液留在狗狗身上会刺激皮肤，引起皮肤瘙痒等问题。

我们自己冲澡时会让水从头流到脚，冲洗狗狗时也应该按照从头到脚爪的顺序。

# 8. 涂抹护毛素

现在狗狗已经打过浴液并冲洗干净了，是时候使用护毛素了。大多数犬种使用护毛素之后能提升毛发品质。对于刚毛犬种，比如杰克罗素梗、艾尔谷梗犬，以及其他被毛类型相似的犬种，只要浴液使用恰当，就不用涂抹护毛素。而其他大多数犬种，特别是被毛又长又顺的犬种，必须要使用护毛素。

冲洗泡沫时按摩狗狗可以帮助它保持冷静，以确保更彻底地清洗干净毛发和皮肤。

# 9. 牙齿

如果狗狗的口气闻起来不像玫瑰花那样好闻也没关系，但如果狗狗试图亲吻你时，你不得不屏住呼吸，这可能是狗狗口腔出现问题的信号。健康口腔和不健康口腔之间的区别非常明显。口气的味道能反映出一些口腔问题，一旦狗狗有口气，就需要仔细检查狗狗的口腔内部及外部是否有异常。掀起狗狗的嘴唇，检查牙龈和像珍珠一样的牙齿。这有利于发现早期口腔问题，让狗狗免于遭受更大的痛苦，并且节省医疗费用。

理想情况下应该每天给狗狗刷牙。但如果狗狗没有从小接受训练，或者你容易屈服于狗狗悲伤的小脸，导致不经常刷牙，专用的牙齿玩具或零食也可以帮助狗狗控制口腔情况，但是并不能从根本上解决问题。

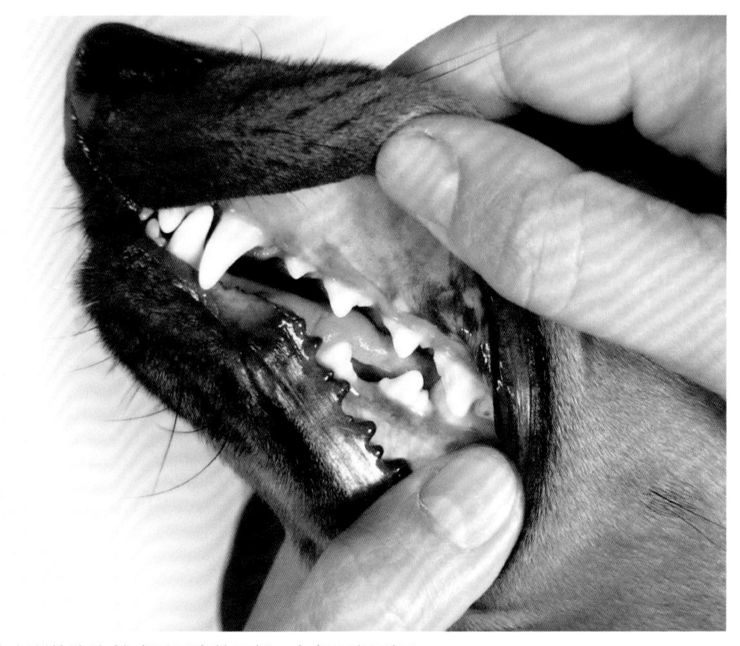

从小训练狗狗养成爱干净的习惯，包括习惯刷牙。

狗狗的牙刷有各种各样的形状和大小。有的就像人类使用的牙刷，有的是戴在手指上使用的。在手指上缠一块干净的纱布其实也能起到同样的作用。使用牙膏可以防止细菌生长和牙垢堆积。

千万不要给狗狗使用人类的牙膏或漱口水，因为对它来说是有毒的。人类的口腔护理产品在设计时默认会被吐出，而狗狗不会。这些产品中含有氟化物，狗狗摄入后会导致生病。宠物商店会提供狗狗专用的口腔护理产品。

大部分牙垢都堆积在狗狗牙齿的外侧，因此没有必要经常清理牙齿内侧。

糟糕的口腔卫生不仅影响狗狗的呼吸，堆积的牙垢还会腐蚀牙齿表面，使细菌进入血液，增加狗狗患心脏、肝脏和肾脏疾病的风险。

大多数口腔疾病的根源在于牙龈，因此要经常检查牙龈健康。过度发红或发炎都是明显的信号，说明需要带狗狗去宠物医院检查一下了。

主人是狗狗最信任的人，如果可能，最好在宠物医生那里陪着狗狗，并帮助宠物医生稳住它——前提是主人的围观不会让事情变得更糟。

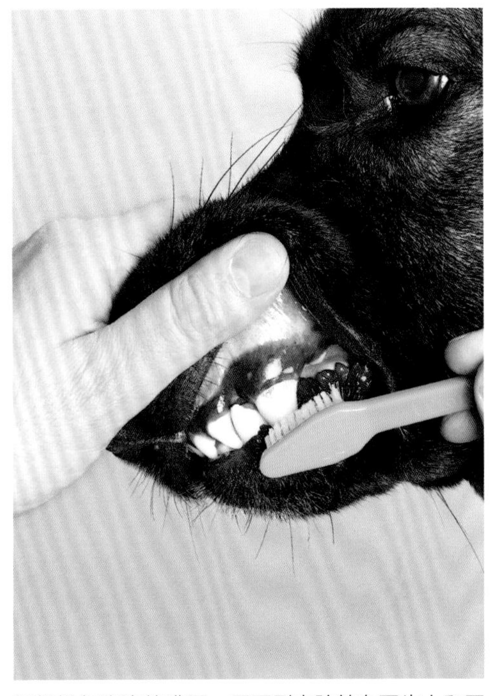

轻轻掀起狗狗的嘴唇，用牙刷去除粘在牙齿上和牙齿之间的食物。

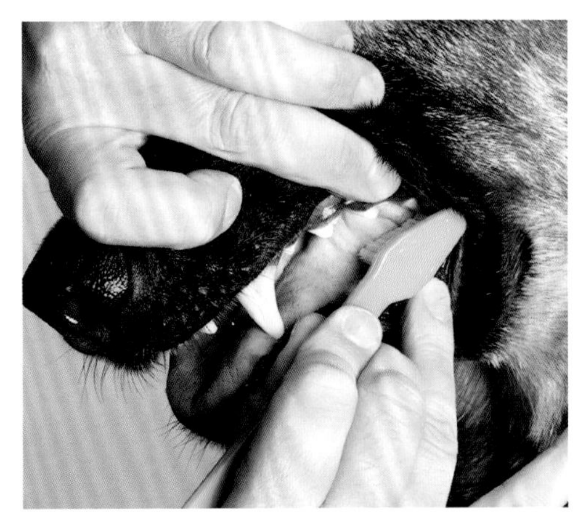

需要清理后方的臼齿时，调味牙膏会让刷牙工作更容易一些。

# 10. 肛门腺

我们都喜欢狗狗的小恶作剧，但如果看到它在客厅的地毯上拖着屁股蹭来蹭去，那就不妙了，不仅意味着要清洗地毯，还要带它去检查肛门腺。

肛门腺又叫肛门囊，里面充满了非常难闻的液体（肛门腺液），狗狗用它来标记自己的领地和识别其他狗狗的领地。肛门腺在犬类祖先中曾经发挥过作用，但对于家养的狗狗几乎没有什么作用。狗狗排便时，肛门腺液会自然分泌。但是如果肛门腺没有受到足够的压力或刺激，特别是拉稀的狗狗，肛门腺液可能排不干净。如果狗狗上完厕所后啃咬、舔舐肛门或拖着屁股摩擦，这表明肛门腺里还有肛门腺液，导致它们不舒服，想要将这些液体排出来。

肛门腺位于狗狗肛门的四点钟和八点钟方向。最好在洗澡前在浴缸里挤肛门腺，因为释放的肛门腺液可能会由于压力喷射出来。如果肛门腺周围很红，最好带它去看看宠物医生。

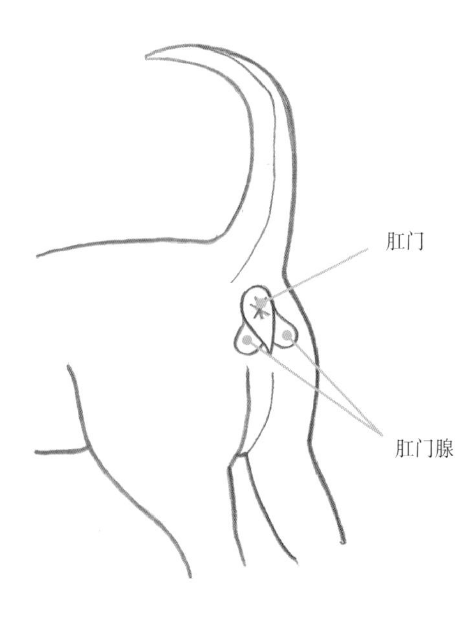

先用流动的水或湿纸巾清洁肛门部位，然后将一张或几张纸巾放在肛门周围。一只手抬起狗狗的尾巴，另一只手定位肛门腺。肛门腺充满肛门腺液时，摸起来就像两颗豌豆。

把手指放在肛门腺下方，以轻柔的力度持续挤压肛门腺，此时狗狗可能会因为用力而绷紧直肠肌肉。然后手指往肛门腺的方向推，保持稳定的压力，让肛门腺自然发挥作用。

两个肛门腺中只有一个出现问题的情况并不少见，在准备阶段进行正确评估是很重要的。

排出肛门腺液后，迅速把浴缸冲洗干净，避免狗狗踩到。挤出来的液体颜色应该与狗狗的正常粪便相似，且具有一定的黏稠度。如果先挤出来的分泌物较稠，这是正常的，因为它在肛门腺里停留的时间最长。如果都特别浓稠，那就需要多加重视了。挤完之后如果发现狗狗还在持续啃咬或舔舐肛门周围，或者一直拖着屁股摩擦甚至更糟，最好去宠物医院检查一下肛门腺，确保没有感染。

肛门腺液能否自然排出与狗狗的饮食有很大的关系。高质量的狗粮能使大便保持正常的硬度，有助于狗狗在排便时自然释放肛门腺液。尝试让狗狗养成正确的饮食习惯，减少甚至避免肛门腺液排出不畅的问题。

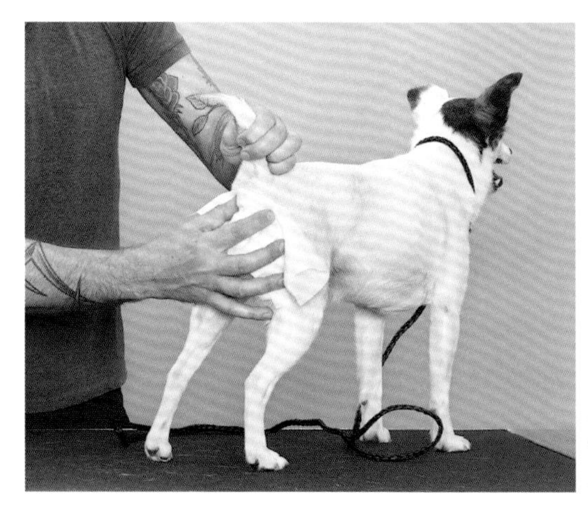

肛门腺位于肛门的四点钟和八点钟方向，有些狗狗偶尔需要挤肛门腺。

| | 毛巾包裹吸水 | 吹水机吹毛 | 拉毛吹干 |
| --- | --- | --- | --- |
| **短毛犬** | ● | ● | |
| **中毛犬和厚毛犬** | ● | ● | |
| **长毛犬** | ● | | ● |

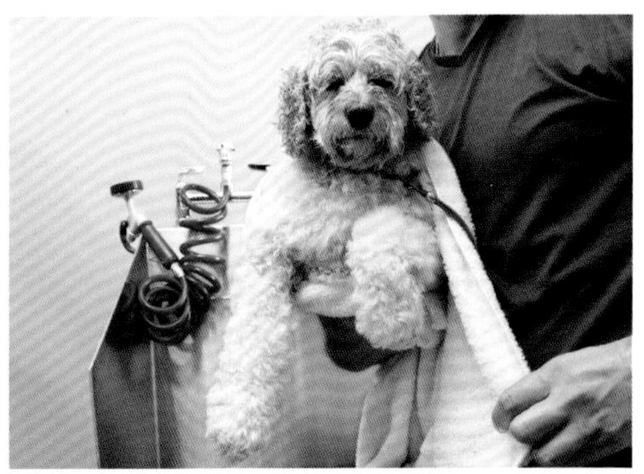

狗狗很喜欢温暖的拥抱，但是应该没有人想直接抱着一只湿淋淋的狗狗吧。将狗狗包裹在柔软舒适的毛巾里能让狗狗感到安全，而且更容易将狗狗从浴缸里抱出来。

# 11. 干燥

根据狗狗的大小、被毛类型选择不同的干燥方法。洗澡后可能会修剪毛发，注意修剪前必须保证毛发彻底干燥。

## ● 用毛巾包裹吸水

当狗狗洗完澡还在浴缸里的时候，先用毛巾包裹吸水。这不仅能安抚狗狗，还能牢牢控制住它，方便把它安全地送到美容区。

先用一只手将毛巾的一端固定在狗狗腹部下面，然后轻轻地把狗狗从浴缸里抬起十几厘米。

用另一只手将狗狗用毛巾包裹起来。现在你已经控制了局面，将被毛巾包裹着的手抽出来，抱起狗狗，这时它会感到舒适和安全。

让狗狗在“卷饼”里休息几分钟，让毛发的角质层有足够的时间吸收浴液中的营养成分。如果狗狗太大或者太焦虑，不适合被抱着，可以把它关在笼子里或者密闭空间里，在下面垫几条毛巾。

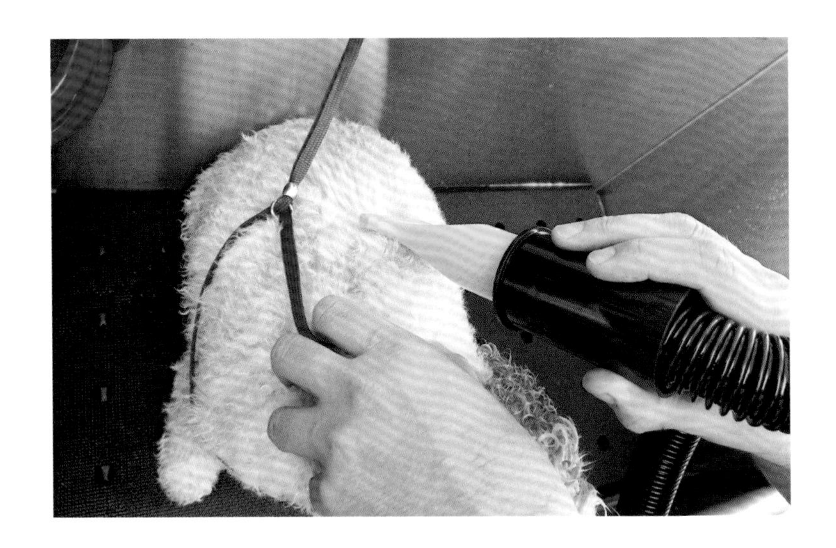

## ● 吹干

洗澡后不宜立刻用吹水机吹毛，否则浴液中的营养成分还没来得及渗透进去就被吹干，会导致毛发干燥、脆弱、易断。吸收了足够养分的毛发能让造型保持更长时间。建议先用毛巾擦拭，然后用吹水机吹毛，吹干毛发的同时还能去除死毛。

吹水机也被称为强力干燥机，是专业宠物美容师的秘密武器之一。吹水机有各种形状、大小和功率。大多数吹水机的噪音都很大。对于紧张的狗狗，用棉球堵住耳朵或用毛巾捂住耳朵会让它们感到放松。

不论使用哪种吹水机，都要先将吹水机朝向远离狗狗的方向吹一会，让它逐渐习惯吹水机的噪声，然后慢慢吹向狗狗。

使用吹水机时，先吹背部然后吹两侧。背部从头扫向尾，两侧从上向下吹，避免将已经干燥的毛发弄湿。吹水机几乎可以完全吹干狗狗的毛发。夏季用吹水机吹完后，出去散散步就可以把毛发完全晾干。

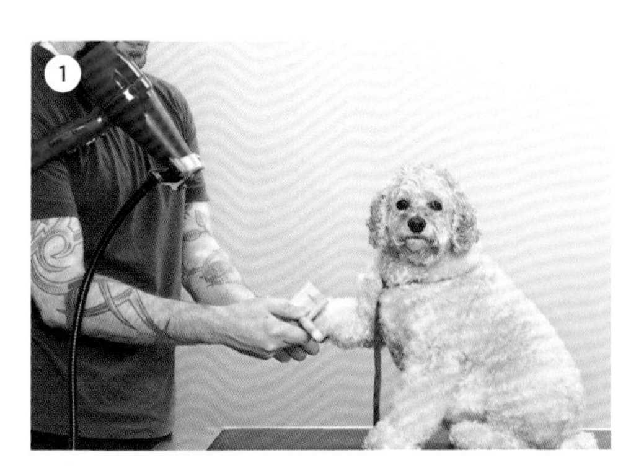

吹风机支架可以让风吹向你想要的方向，同时解放双手，自由工作。

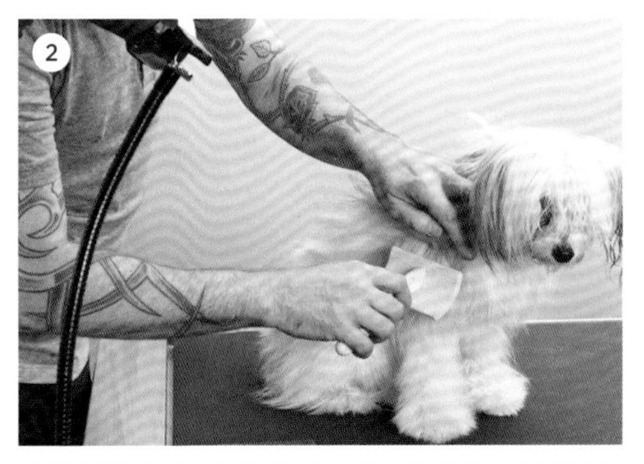

对于垂毛犬种，如西施犬或马耳他犬等，拉毛和吹风的方向应顺着毛发生长的方向。

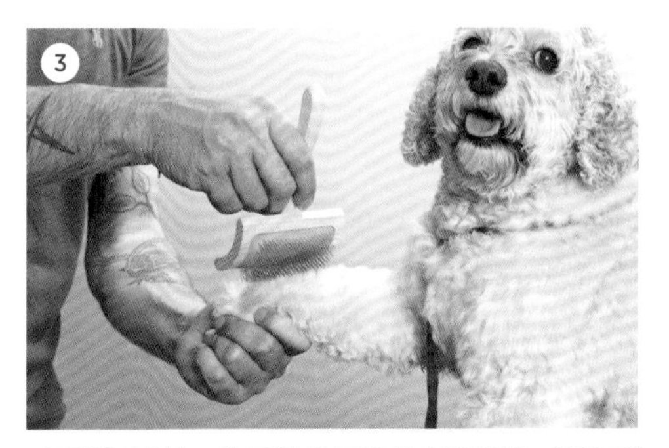

对于卷毛犬种，为了让卷毛看起来更蓬松，需要用针梳配合吹风机逆着毛发生长的方向拉毛。

## ●吹风拉毛

吹风拉毛是用手持吹风机配合针梳完成的。吹风机必须能够调节温度，避免灼伤皮肤或损伤毛发。吹风机支架（可以在宠物店买到或自己制作）可以解放双手，一只手扶住狗狗，另一只手在暖风中拉毛。**（图1）**

吹风的方向会影响最终的效果。垂毛犬种，比如约克夏犬、马耳他犬、西施犬或可卡犬等，应该顺着毛发生长的方向吹风和拉毛，以达到垂顺的效果。**（图2）**

卷毛犬种，比如比熊犬或贵宾犬，逆着毛发生长的方向吹风和拉毛能使毛发更蓬松、更容易修剪。**（图3）**

耳朵和皮肤褶皱处格外脆弱，最好不要暴露在高温下。给这些区域吹毛时要格外小心。不要直接把吹风机对准狗狗的脸，要让暖风从上方或后方吹过去。

# 12. 免洗洗浴

如果狗狗无法接受传统的洗浴方式，而干洗清洁力度又不够的时候，免洗洗浴是清洁狗狗局部区域的好方法。最好选择专用的免洗浴液，免洗浴液的设计原理是清洁污垢，并留下最少的残留。

先用纸巾或湿巾清除狗狗身上的污垢、食物残渣等。如果条件允许，使用犬类专用湿巾，这类湿巾比人类用的湿巾更厚，含有更多的清洁成分。湿巾还可以用来给在公园玩了一天的狗狗全面清洁身上堆积的灰尘。

尽可能彻底地清除毛发表面的污垢，然后将毛巾或海绵浸泡在免洗浴液中。从根部抓起一撮脏毛，用毛巾或海绵擦拭毛发。用毛巾的干净区域重复这个过程，如果毛巾脏了用清水将毛巾漂洗干净。所有脏的地方都用免洗浴液清洁之后，再用毛巾蘸取稀释后的免洗浴液（免洗浴液与水的比例为1:1）擦拭一遍，既能彻底清除被遗漏的污垢，也能减少狗狗身上留下的浴液残留。

最后用干毛巾将湿润的毛发擦干，用梳子梳毛，加强空气流通，达到更好的干燥效果。特别是在没有吹风机的情况下，一定要边擦干边梳毛。

随身携带便捷的免洗产品，可以让你在路途中轻松应对狗狗毛发染上污渍的突发状况。

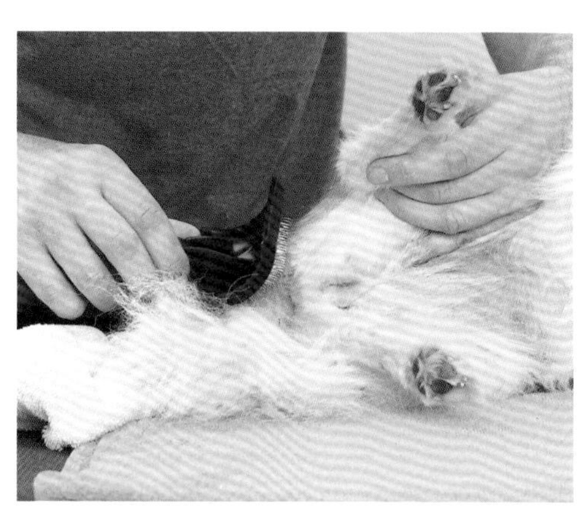

用毛巾擦干湿润部位的毛发后，一定要用梳子梳毛，避免毛发打结。

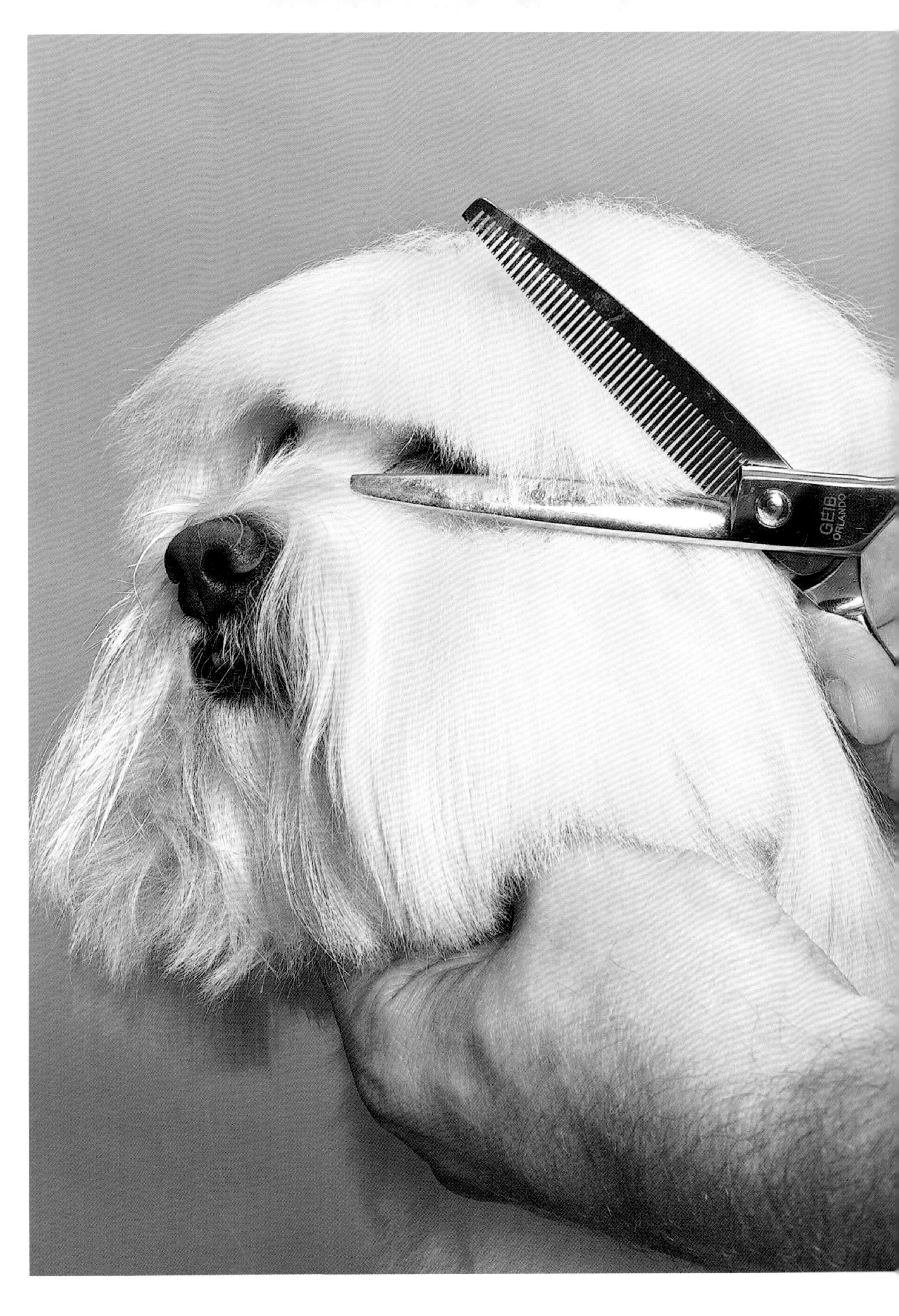
GEIB
ORLANDO

# 修剪与造型

虽然修剪是美容过程中最复杂的部分，但也是最能表现美容师专业度和创造力的时候。开始修剪工作之前，你应该与狗狗主人进行充分的沟通，对想要达到的造型目标有一个清晰的计划。即兴发挥往往会导致灾难。提前做好准备不仅能节省你的时间，更重要的是可以减少狗狗感到不自由的时间。

对于狗狗主人来说，学习一些简单的快速修剪技巧十分有用。一个紧急需要拍照的场合，一场说走就走的旅行，一个面部修毛，或者快速修剪都能帮你搞定。尤其是当平时光顾的宠物美容师没空，或者打算推迟几个礼拜再去宠物店时，简单的修毛就能发挥极大的作用，让一身过长的毛发重新变得利落。

我曾有好几次突然接到电视台的邀请，要我带着狗狗去参加电视节目，但我只有很短的时间来做准备。我只重点修剪了狗狗的脸和腿部，让它看起来像刚做完美容一样，没有人能看出来身体下面藏着的毛发其实又长又不整齐。

基础的修剪技巧适用于大多数狗狗，通过剪毛也能发现许多早期的健康问题。

# 1. 剪指甲

剪指甲前需要先了解指甲的构造。指甲最尖端（中空部分）是最安全的。白色的指甲可以通过将指甲放到灯光下，找出指甲最白的部分来识别指甲尖。深色的指甲需要仔细观察，可以从下向上观察找到没有血管的中空部分，确定可以安全修剪的指甲尖。指甲尖以外的是指甲的主体——活肉，也叫血线，其中包含了血管和神经。

剪指甲时尽可能剪在离血线近的位置，这样能迫使血管后退，使下回的剪指甲工作更容易。操作时要非常小心，确保只剪到指甲尖。如果指甲很长，就要每周修剪使血管后退，直到达到想要的指甲长度。不要剪到血线，以免出血。如果指甲不慎被轻微剪伤流血，不要惊慌失措。用手指捏一些止血粉涂抹在指甲上，轻轻按压指甲尖，直到停止出血。

整个美容过程中，最好将剪指甲排在最开始。当狗狗变得焦虑或高兴时，它的血压会上升，使血液更难进入指甲内部的血管，更难分辨指甲尖的部位。一些美容师喜欢在洗澡后修剪指甲，因为这时的指甲比较软。但在我看来，温水不仅会软化指甲，还会扩张血管，增加剪指甲的难度。

**TIP**

长毛犬剪指甲之前最好在脚爪上盖一块保鲜膜。让指甲戳破保鲜膜，再把保鲜膜拉回来，这样就能避免毛发遮挡视线，也能让指甲暴露出来，更容易修剪。

修剪指甲后，将过于锋利的边缘用指甲挫修饰圆润。

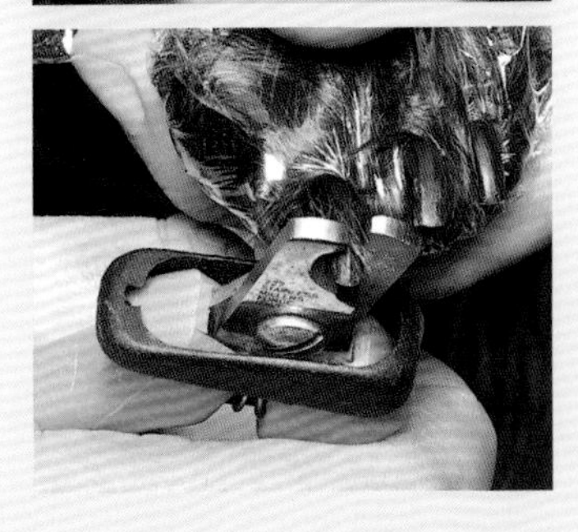

修剪指甲时，一只手轻柔但牢固地抓住狗狗的脚爪，始终确保让狗狗的脚爪保持在一个舒适的位置。用不自然或不舒服的姿势拉住狗狗的脚爪，会把剪指甲变成一场拔河比赛。如果狗狗想要拉回它的脚爪，意味着它感到害怕、紧张或不舒服。

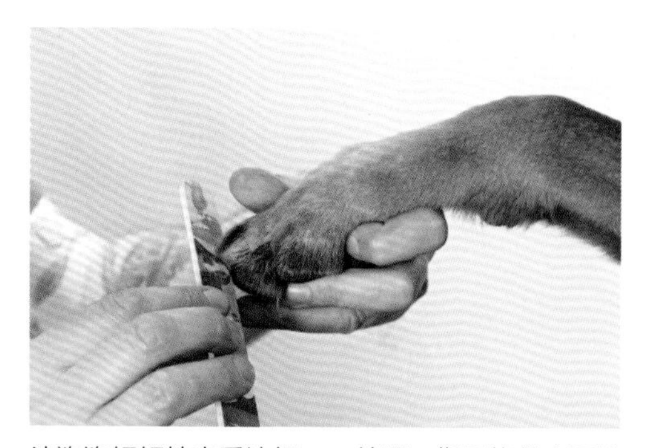

让狗狗好好地享受这场spa护理，指甲修剪完要锉圆，避免抓伤或钩住东西。

在第2章提到过，我最喜欢的指甲修剪工具就是指甲钳。

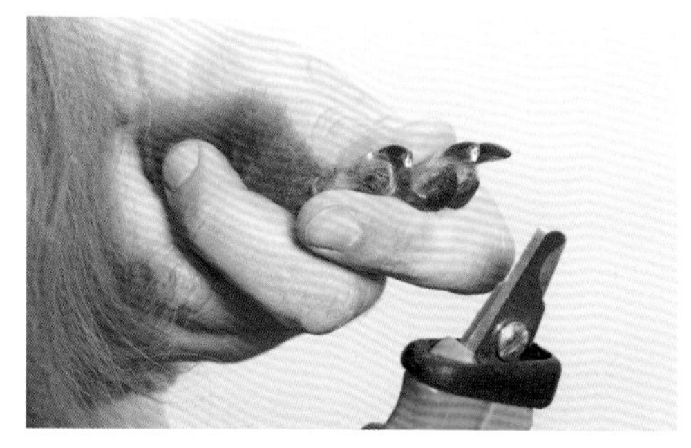

用一个轻柔但牢固的力度抓住狗狗的脚爪，可以很容易修剪指甲尖。如果你表现得自信，狗狗也会感觉更信任你。

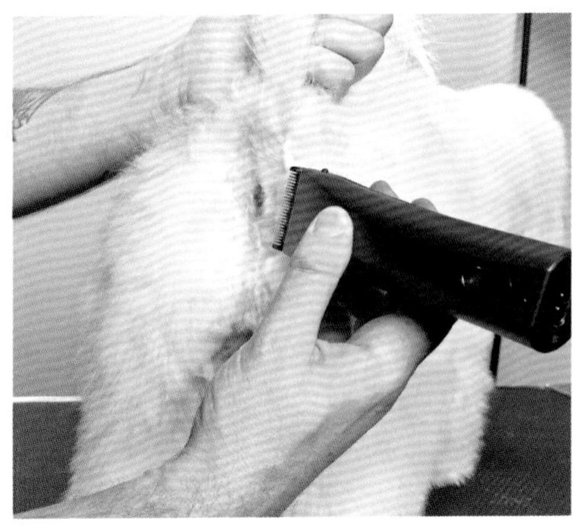

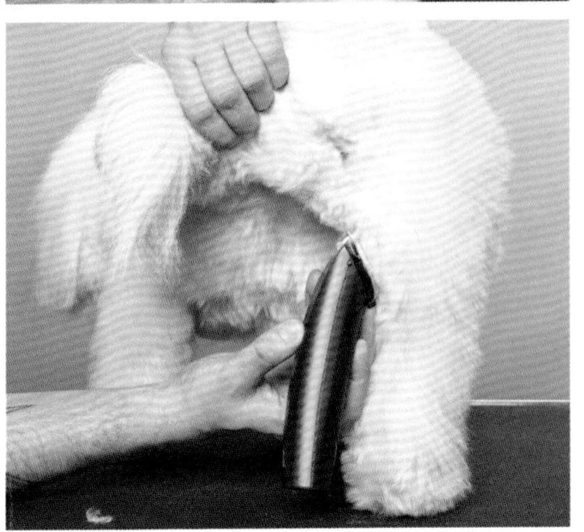

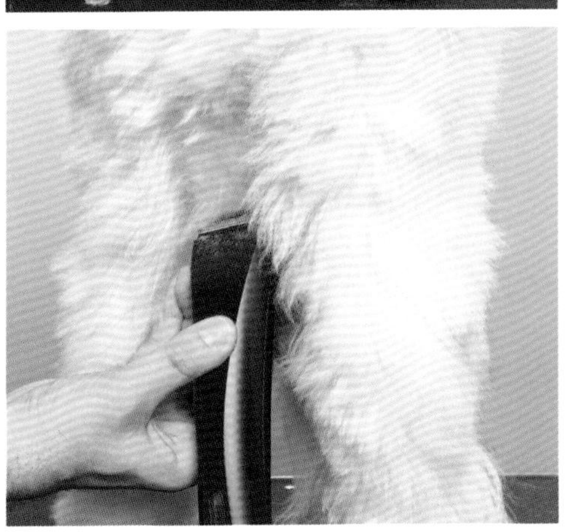

## 2. 修剪隐私部位的毛发

保持狗狗隐私部位的整洁，可以让你推迟下一次去宠物美容店的时间。

狗狗的隐私部位非常敏感，在处理这些部位时要格外小心。狗狗的生殖器区域通常很难触及，任何突兀的动作都可能会让狗狗感到危险，尤其是当你拿着电剪的时候。

修剪肛门区域时一定要让电剪朝向外侧，避免刀片直接接触皮肤。

修剪生殖器区域的最简单的方法是，轻轻抬起一条后腿修剪一侧，然后再抬起另一条腿重复刚才的修剪过程。

大多数小型无线电剪不提供专门用于修剪隐私部位的刀片。如果将这些区域的毛发剪得过短，会刺激狗狗的皮肤。而使用将毛发剪得过长的刀片则容易割伤皮肤，因为刀齿分布更加稀疏。

为了安全地修剪生殖器和肛门区域，建议使用10# 刀片，这样会留下1.6毫米长的毛发。让狗狗直立起来，既能清晰地看到毛发分布的情况，又能保持皮肤绷紧的状态，避免划伤褶皱区域。

# 3. 修剪脚爪

狗狗的脚爪非常敏感，处理时动作要轻柔。当你以狗狗感觉不舒服的姿势拉着它的脚爪时，大多数狗狗会做出向后拉或突然抽搐的反应。鼓励狗狗主动把脚爪放在你的手上，给它时间重新调整重心和平衡，依靠其他三条腿的支撑来保持稳定。一旦狗狗放松下来，用轻柔的按摩动作来检查它的脚爪，然后将脚爪引向正确的修剪位置。

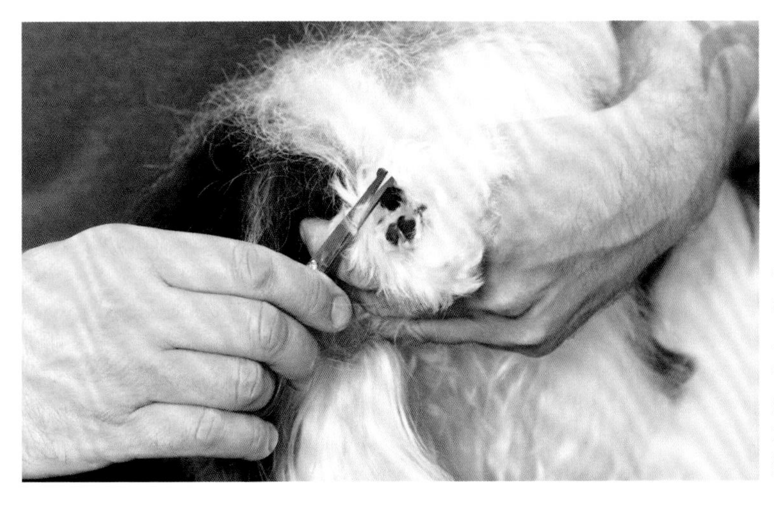

修剪爪垫时，轻轻地把脚爪抬起来，保持自然的姿势，这样就不会给狗狗带来压力。

## 爪垫的基础修剪

中毛犬和长毛犬的爪垫之间会长出很多脚底毛。去掉过多的脚底毛可以防止碎屑及其他异物卡在爪缝里。污垢卡在爪缝里会使狗狗不舒服，有时还会弄伤爪子。

剪掉一些脚底毛可以保持脚底的清洁。使用圆头小剪刀修剪过多的脚底毛，但不要剪得太深，因为爪垫之间的皮肤很薄、很敏感。如果使用电剪，注意不要将电剪深入脚趾缝里，以免划伤脆弱的皮肤。

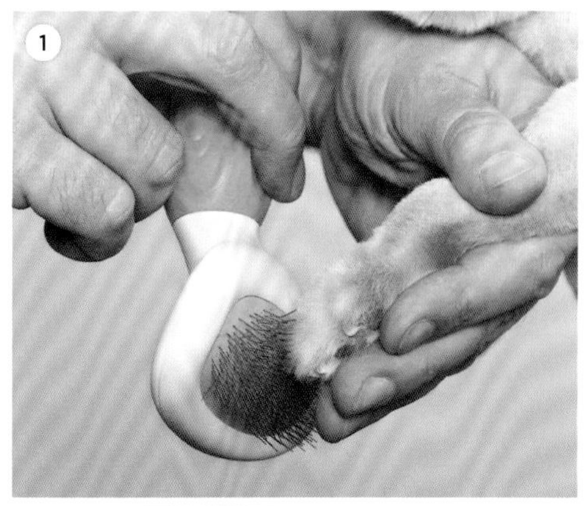

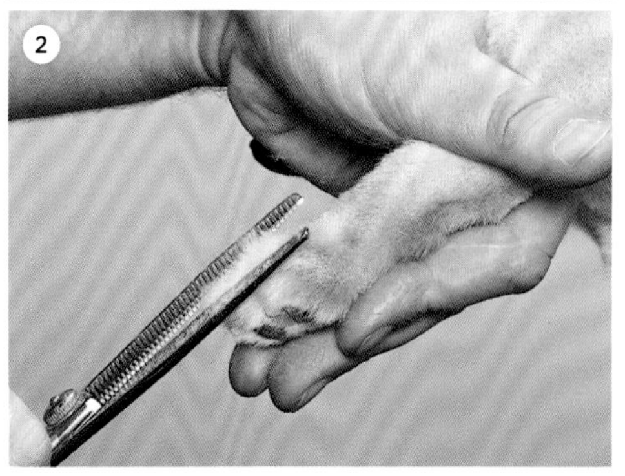

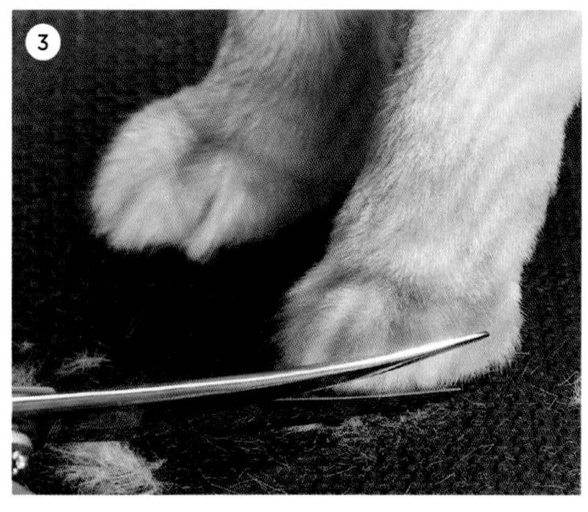

## ● 中毛犬

处理中毛犬脚趾间多余毛发的工具是针梳和打薄剪。

将狗狗的脚爪放在手掌中央，用针梳把脚趾间的毛发梳起来。**（图1）**

用打薄剪将较长的毛发剪短。注意不要剪得太短，达到自然的效果即可。将修剪后的毛发向下梳，再向上梳起来，用手指检查是否有长毛发隐藏在脚趾之间。在把狗狗的脚爪放下来之前，用打薄剪再修剪一次，注意不要刮伤狗狗细瘦的指关节。**（图2）**

把脚爪放下来，保持自然站立的姿势，用小号弯剪剪掉脚爪周围会接触到地面的毛发。用梳子将毛发梳向不同的方向，修剪多余的毛发，使脚爪看起来干净整洁。**（图3）**

这个方法适用于给金毛寻回犬、长毛吉娃娃犬及博美犬等犬种修剪脚爪部位的毛发。

## ● 长毛犬

修剪完爪垫上的脚底毛之后，将脚爪上的毛发梳理整齐。让狗狗保持站立的姿势，小心地抬起它的脚爪，按照腿的自然运动姿势向后弯曲。此时可以清楚地看到已经打理干净的爪垫。用弯剪按照爪垫的形状修剪毛发。让剪刀保持在一个较小的角度，使剪出的毛发呈现出一个小斜面。**（图1）**

让狗狗自然站立，修剪脚爪周围的毛发。剪刀保持45度角倾斜，把脚爪上的毛发修剪整齐。**（图2）**

轻轻抬起脚爪，修剪边缘的毛发，使其与脚爪顶部平滑过渡。注意不要将脚爪顶部的毛发剪得太短，因为要与腿部相协调。如果修剪不够，可以在全身都修剪完之后再修剪，一旦修剪过度就不能将已经剪掉的毛发再加回去了。**（图3）**

最后用打薄剪修整整个脚爪，消除剪刀留下的明显痕迹，把边缘剪圆。**（图4）**

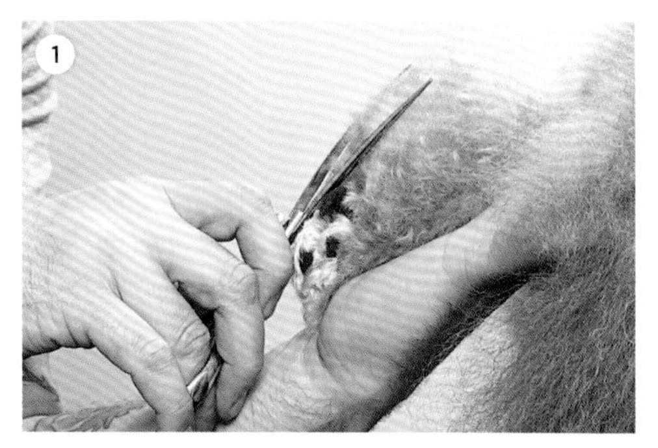


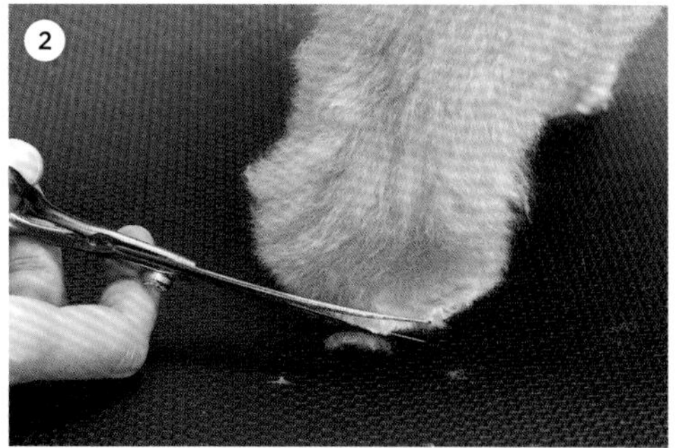


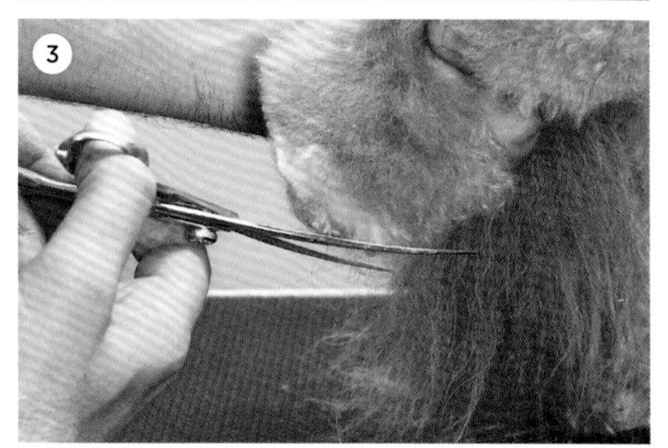


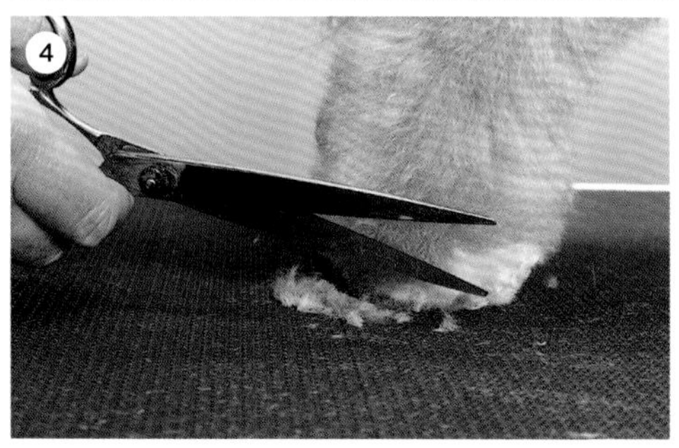

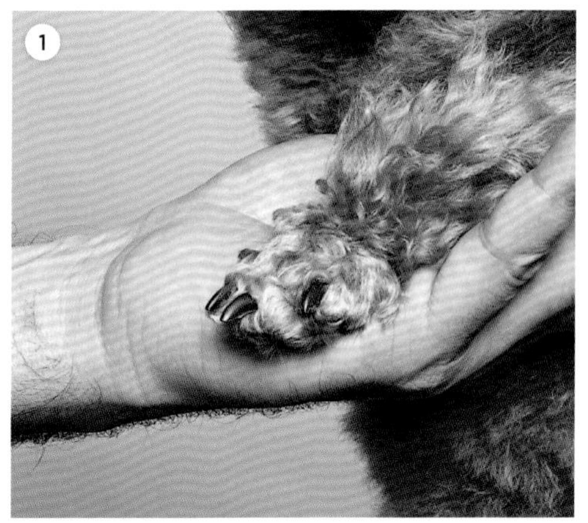

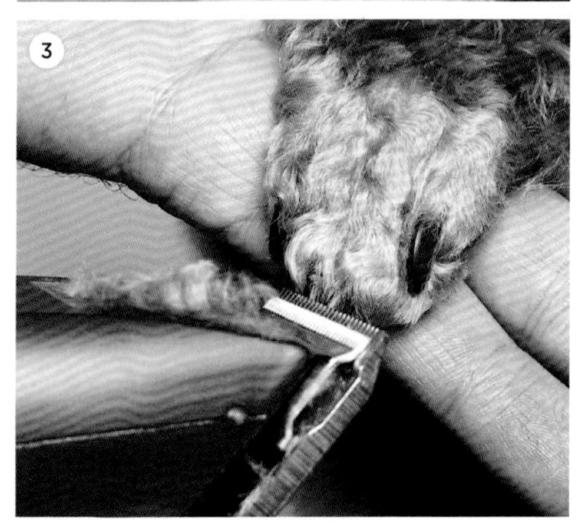


## ● 剪短脚爪的毛发

这种修剪方式主要用在贵宾犬身上，现在一些长毛犬也开始使用了。这种修剪方式可以保持脚爪的干净整洁。不过不是所有的狗狗都能修剪出“干净”的脚。有的狗狗皮肤非常敏感，剪短脚毛可能会让皮肤受到刺激，从而不停地舔脚。剪短脚爪的毛发后，涂抹芦荟乳液可以帮助缓解刺激。

引导狗狗，让它把脚爪放在你的手掌上，然后手慢慢地向下滑动，直到牢牢地抓住狗狗的脚爪。**（图1）**

从下向上将脚部的毛发撩起来，可以清晰地看到脚爪，避免剪错。用一个小剪刀或者电剪，选择15#或者30#刀片，从脚爪底部开始修剪。因为脚趾之间的皮肤很薄，非常敏感，需要特别注意。**（图2）**

小心地修剪脚趾间的毛发。动作幅度要小，捏起脚趾间的毛发，电剪或剪刀逆着毛发生长的方向移动。**（图3）**

小电剪非常适合处理这项工作，因为它振动幅度小，非常安静，很适合用在比较敏感的区域。

# 4. 修剪头部和脸部

众所周知，一只可爱的狗狗可以让最不苟言笑的人微笑。

狗狗的个性和整体的风格可以帮助你确定适合它的造型。下面介绍修剪头部和面部的一般性方法。创造力在这项工作中扮演着重要的角色，尝试不同的修剪长度会让狗狗看起来很不一样。记住，最重要的是表达狗狗的个性。

我们可以将头部分为三个区域：颅骨顶部，从枕骨到眉毛（图中1）；脸颊两侧，从耳下到眼角外侧及下颚线（图中2）；下巴区域，从下巴到喉结。（图中3）

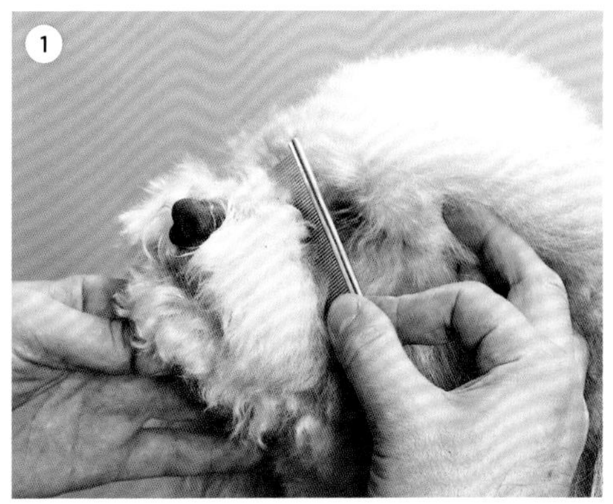

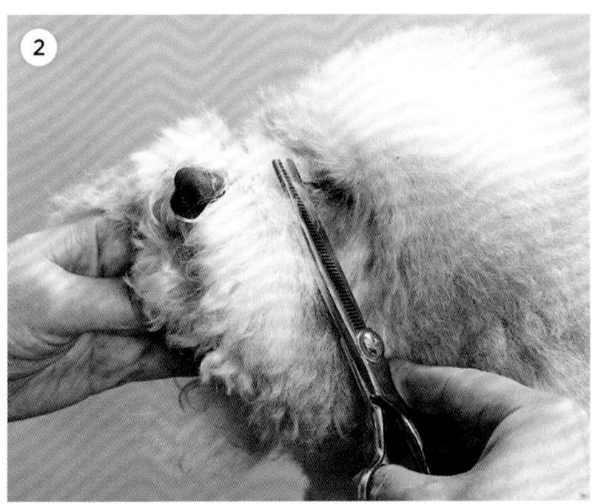

## ●修剪眼睛周围

从狗狗双眼之间的毛发开始修剪。

剪短眼睛周围的毛发会让狗狗的表情更加清晰生动，并且感觉更舒服，因为不会有毛发遮挡眼睛。先用一把小梳子将眼角内侧的毛发向上梳起。（图1）

眼角部分容易出现泪痕，剪短毛发有助于缓解这个问题。修剪眼睛周围的毛发时最好选择圆头小剪刀或打薄剪，确保剪刀不要正对狗狗的眼睛，避免狗狗的意外动作导致事故。（图2）

这个区域也可以用10#刀片的电剪修剪。但是用电剪修剪毛发时比剪刀距离狗狗更近，而且很多狗狗不喜欢振动的电剪，所以最好还是选择剪刀。眼睛周围的毛发要定期修剪，特别是对于患有眼疾的狗狗。（图3）

不论狗狗属于哪种被毛类型，眼睛周围毛发的修剪步骤基本都是一样的。

稍微改变一下扶着狗狗头部的力度，这种微小的变化可将狗狗的注意力从工具上移开。

狗狗可以通过我们的呼吸感受到我们肾上腺素的变化。进行敏感部位的修剪工作时，含一块薄荷糖可以帮助我们缓解焦虑的心情。我发现轻声哼唱快乐的歌曲能让我和狗狗在修剪脸部的时候都放松下来。

## 修剪圆脸的方法（垂毛犬）

### ● 头顶和脸部

不论用剪刀还是带辅助梳的电剪，不论狗狗是垂毛还是卷毛，修剪一个漂亮的圆脸的步骤都是一样的。

先把头顶的毛发向前梳。

垂毛犬使用电剪搭配中等长度的辅助梳，留下约2.5厘米长的毛发即可。这个长度的毛发既足够短，又能保持蓬松，可以维持几周，不会很快长长遮住脸部。

沿着枕骨到眉毛的方向剪毛，注意不要剪掉耳朵上的毛发。（**图1**）

用打薄剪打薄头顶与耳朵连接处的毛发，形成圆润自然的过渡。

用手或发夹将狗狗的耳朵竖起来，用同样的电剪搭配辅助梳的方法从上向下修剪头部两侧。（**图2**）

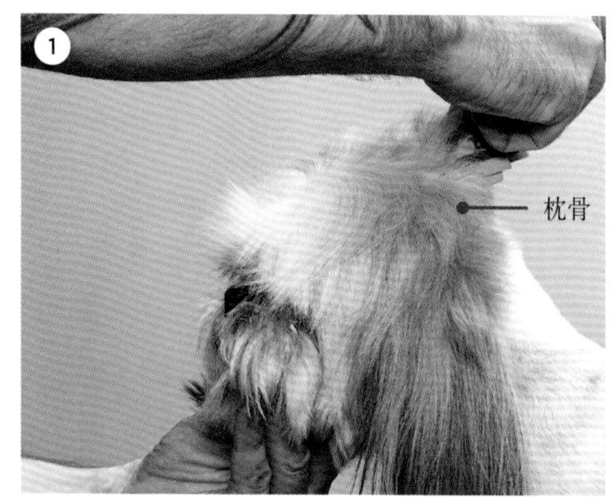

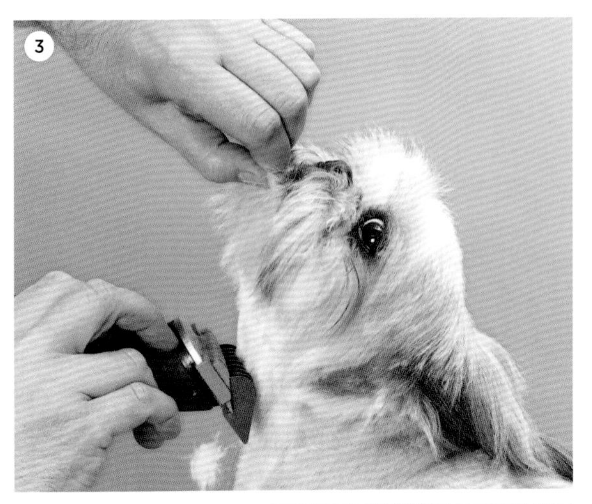

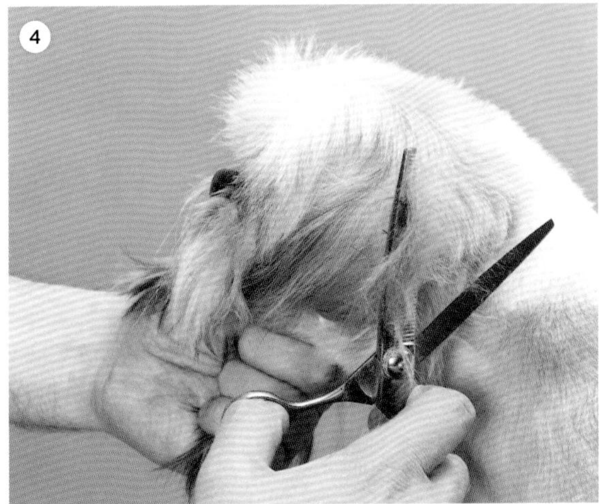

抬起狗狗的下巴，从上向下，从下巴向喉结剪毛。如果想打造甜美的造型，不要在下巴下方留太多毛。下巴是狗狗脸上最脏的部分，剪短下巴周围的毛发，有助于保持面部清洁。（图3）

把所有毛发向前梳，按照同样的流程用电剪再剪一遍。

将狗狗的两只耳朵向前折，修剪耳后的毛发枕骨至颈部从上向下进行修剪，调整头顶与颈部之间的过渡。（图4）

修剪鼻子至耳朵内侧的毛发，形成一条沿着下巴的弧线。（图5）

现在调整整体的轮廓，把几个区域衔接起来。这和理发师的工作如出一辙，把头发按照一个个区域修剪好，然后将不同区域自然过渡到一起，确保发型整体均匀、连续，没有过长的头发。可能会重复这些操作，确保万无一失。

确定耳朵毛发的长度，把狗狗耳朵向前拉，将超过鼻子的毛发剪短。不仅能使耳朵看起来更漂亮，还能防止耳朵被食物或地板弄脏。

最后修剪耳根处的毛发。将手指放在耳廓上方，将耳朵提起来保持在一定高度，这样手指就可以用来保护耳廓边缘，防止剪刀贴得过近，剪到耳廓上的皮肤。剪刀刀片保持45度角，有助于修剪出利落的边缘。（图6）

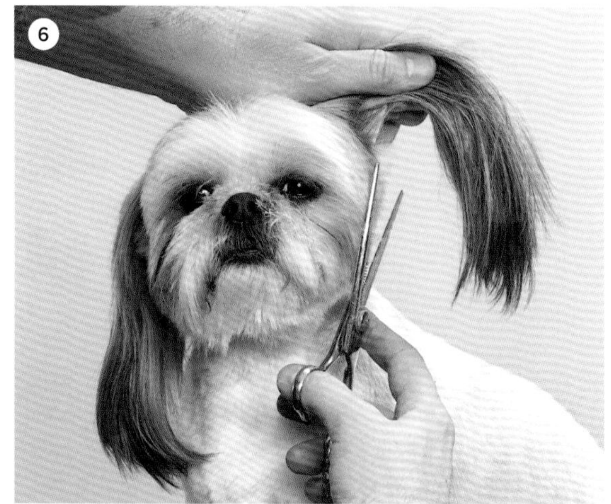

用打薄剪完成不同区域之间的过渡，把所有的区域自然地衔接起来，完成头部的修剪。记住，头部最终要呈现圆润的曲线，而不是尖锐的边缘。

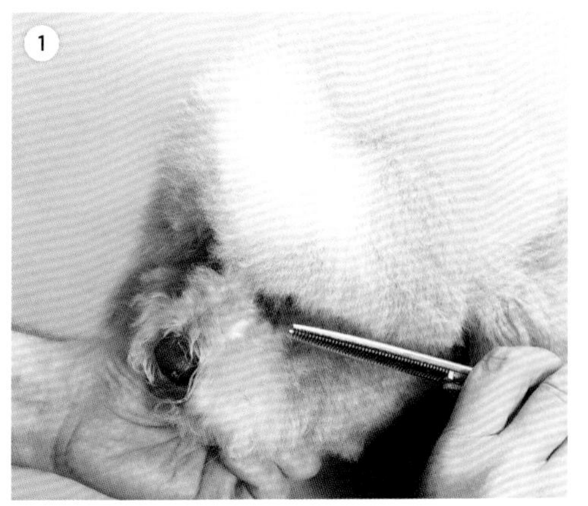


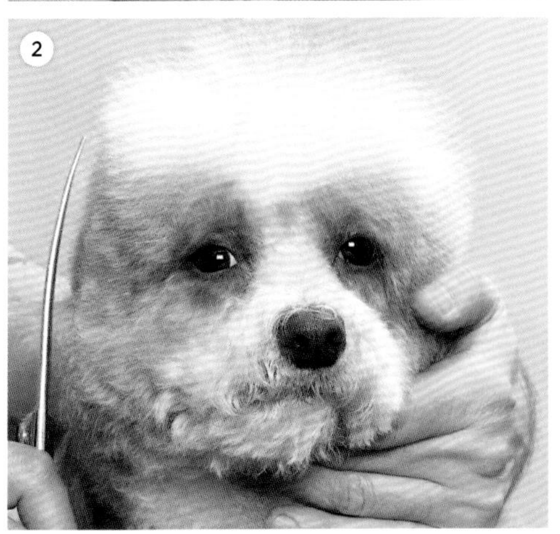


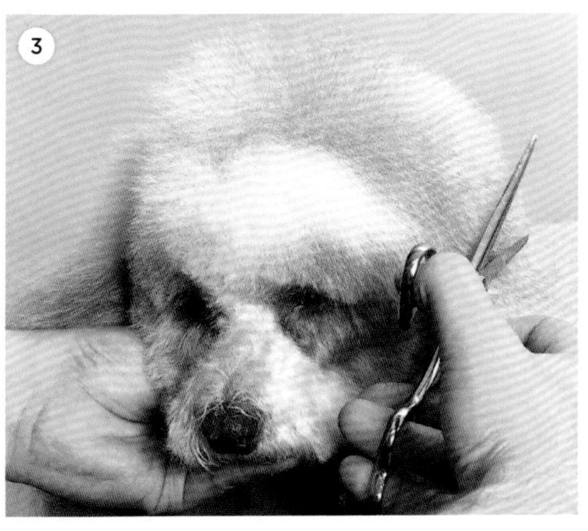


## ● 用剪刀修剪圆头

在狗狗的头部周围画一个想象中的圆圈。用梳子把头顶的毛发梳起来，用弯剪按照想象的圆圈轮廓修剪头顶的毛发，使两耳之间呈现半圆形。修剪的时候可能需要借助定型喷雾来固定毛发。

将头顶上的毛发向前梳，用打薄剪从外眼角剪向鼻子，将过长的毛发剪短。让狗狗脸部露出来，避免毛发遮挡脸部。

用剪刀将头顶前面的毛发剪成45度角，打造出斜面效果。将头顶两眼之间的毛发向前梳，并修剪成弧形。

修剪时为了安全起见，打薄剪要横置在修剪区域，不要将剪刀正对着狗狗。使用打薄剪可以打造出柔和的外形。沿着连接外眼角和鼻尖的假想线修剪。两侧修剪好后，开始修剪正面区域。将正面修剪成更柔和、更圆润的轮廓。**（图1）**

沿着狗狗的下颚线画一个假想的半圆形，将下巴尖与耳朵根连接起来。修剪时把耳廓折在头上，防止耳朵碍事。**（图2）**

将脸颊上的毛发向上梳，然后沿着一条整齐的假想线进行修剪，将头部两侧和头顶衔接起来。

头顶至耳朵顶部用打薄剪修剪，形成圆润的过渡。

将耳朵向前拉，修剪耳后的毛发，使之与颈部平滑过渡。**（图3）**

## ● 长毛的剪法

用手指夹住耳朵底部的毛发，作为修剪长度的基准，剪掉过长的毛发。**（图1）**

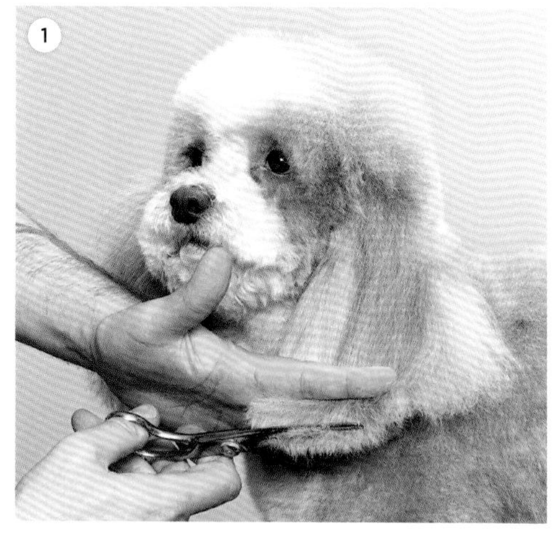


用梳子将已经剪好的毛发梳向不同的方向，检查修剪效果，确保没有遗漏的过长的毛发。最后，向不同方向梳理毛发，同时用打薄剪将轮廓修剪整齐。**（图2）**

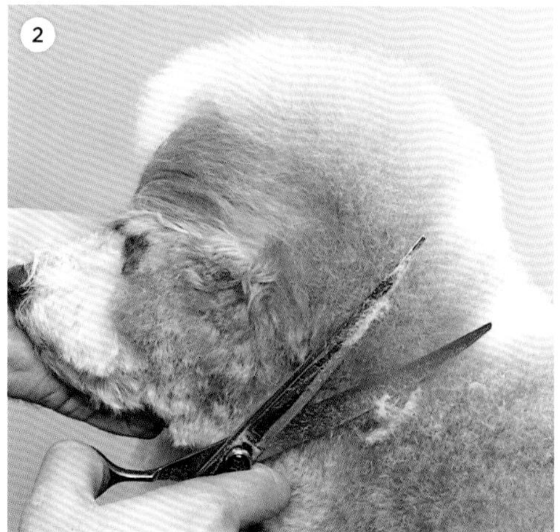


如果想为狗狗打造一个钟形脸，下巴上的毛发长度应该和耳朵相匹配。以喉结为参照点确定钟形底部的位置。

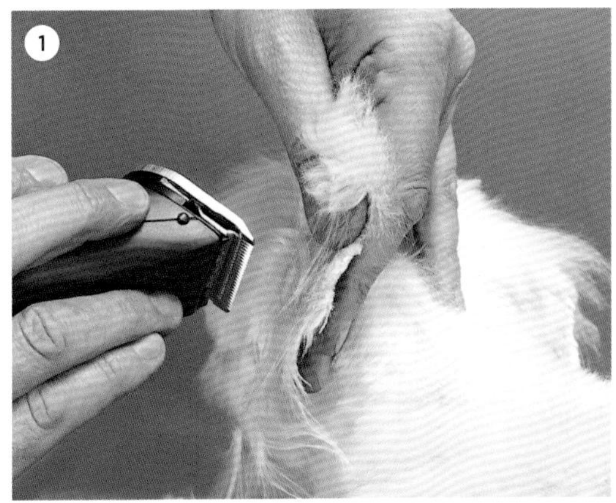

## ●短耳的剪法

狗狗集中注意力时耳朵会弯折，剃掉耳朵下半部分的毛会让它们看起来更加可爱，而且还能保持耳部通风。这种修剪方法对耳朵有健康问题的狗狗尤其适合。

先把狗狗的耳朵放在掌心。用配备10#刀片、8.5#刀片和短辅助梳的电剪沿着毛发生长的方向小心修剪。**（图1）**

时刻注意耳廓边缘的位置，避免划伤耳廓。用手指夹住狗狗的耳廓，手指作为基准，沿着从耳根到耳尖的方向修剪耳后的毛发。修剪耳朵前面时，只修剪下半部分。耳朵上半部分的毛发会增加耳朵的重量，让耳朵自然地下垂，有助于打造一张漂亮的圆脸。**（图2）**

将耳朵向前拉的同时，用打薄剪修剪头部与颈部之间形成平滑的过渡。（图3）

使用上述方法，改变毛发的长度和角度可以打造出各种狗狗的造型，充分发挥你的想象力吧。

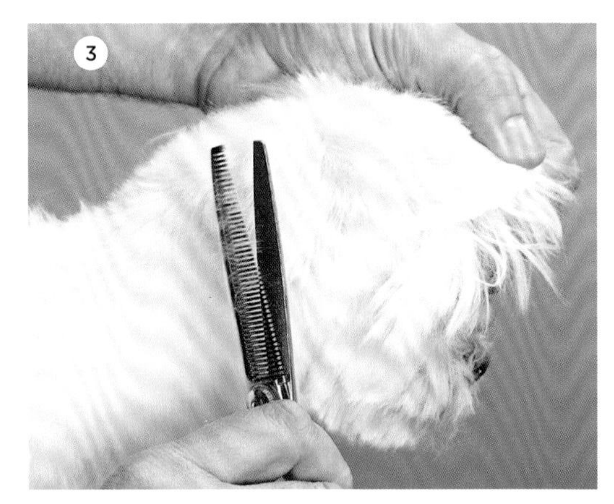

修剪后

## 案例 1 脸部剃毛

**需要的工具**

- 电剪
- 10# 刀片

一张完全剃干净的脸看起来独特而前卫，而且还有利于狗狗的健康。狗狗如果缺牙会大量流口水，脸上如果毛茸茸的，就会增加细菌滋生的风险，一张干净的脸则可以防止狗狗感染，也更容易保持清洁和干燥。

给狗狗剃脸毛时，要注意眼睛、嘴唇和皮肤褶皱区域的骨头结构，以及由于缺乏脂肪皮肤紧紧贴在骨头上的部分，这些地方容易被电剪划伤。狗狗有不同的外形和大小，即使一个品种中也包含许多类型，因此骨骼结构会有所差异。修剪时要仔细检查狗狗的面部，找到突出的骨头和边缘，避免被电剪划伤。

再次重申，使用电剪时要非常小心。当用电剪修剪狗狗的脸部时，更要小心翼翼。如果狗狗以前没有剃过脸，使用10# 刀片是比较安全的。

修剪过程中，要用一种让狗狗感到舒服的方式抓牢它们，这样可以让它们保持平静。

打开电剪然后慢慢靠近狗狗，让它先习惯电剪的噪声和振动。用电剪的背面轻轻碰碰它，这是向它说明一切正常。

脸上的毛发应该逆着生长方向修剪。耳朵向后拉可以让视野更清晰，皮肤也会保持紧绷，更容易修剪。

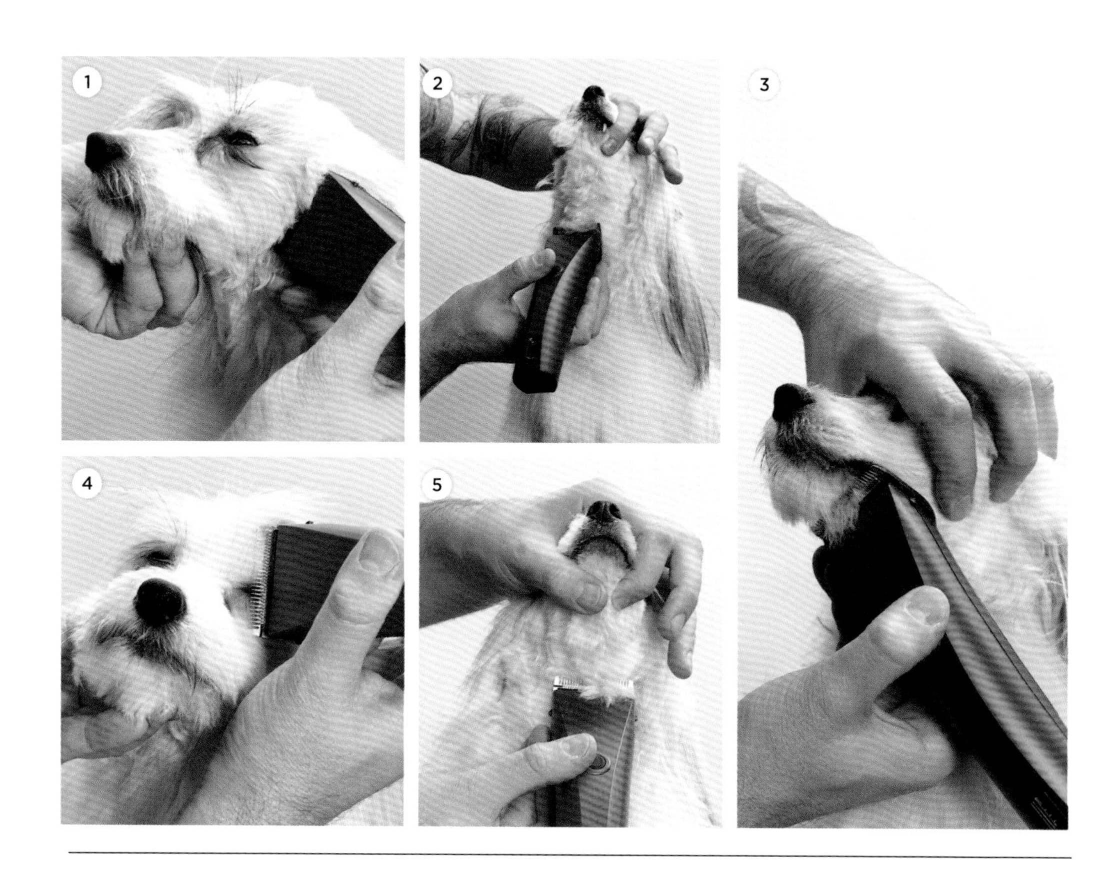

**步骤1** 先从耳朵根部到嘴角修剪出一条直线。然后轻轻地把皮肤向后拉，朝着鼻子的方向小心地剃掉嘴角两侧的毛发。

用美容工具处理眼睛周围的毛发时，工具一定要朝向外侧，远离眼睛，避免发生意外。

**步骤2** 狗狗下巴上通常有很多褶皱或皱纹，在给下巴到喉结之间的区域剃毛时，要用手将皮肤拉平。顺着毛发生长的方向或逆着毛发生长的方向剃短毛发。如果狗狗的皮肤不习惯被剃毛，就要避免逆着毛发生长方向剃毛。注意狗狗脖子上的发旋，尽量按照毛发的方向调整电剪的角度。

**步骤3** 修剪嘴唇区域时，只使用刀片的一角可以更好地控制电剪。

**步骤4** 按照同样的方法修剪鼻梁，先从两眼之间开始，然后向前移动到鼻子。

**步骤5** 用手捏住狗狗的嘴巴可以防止舌头伸出来，或者至少可以感觉到它什么时候会把舌头伸出来。

几乎像耳语一样，向狗狗轻柔地吹气，可以让狗狗保持平静。那几秒钟里它会专注于你的呼吸，为剃毛开个好头。在给狗狗剃毛时和狗狗说话反而会适得其反。你的平静会令它安心和冷静。

## 案例 2　胡须脸和莫霍克头

**需要的工具**

- 电剪
- 10#、15#或30#刀片
- 打薄剪
- 定型喷雾

雪纳瑞犬、软毛麦色梗或布鲁塞尔粗毛猎犬等长着胡须的犬种，会给人一种犀利且严肃的感觉。这样的长相非常受欢迎，但需要多留意它们的胡须，因为这些毛发会不断地泡在饮用水或食物里，出去散步时也会沾到它嗅过的东西。

想要让狗狗的外形更有个性，可以按照以下步骤打造一个有着胡须脸和莫霍克头的造型。

**步骤1**　使用电剪（10#刀片），顺着毛发生长的方向，沿着耳朵根部到内眼角之间的线推掉头顶一侧的毛发，注意不要碰到眉毛。

**步骤2**　沿着外眼角到嘴角修剪脸颊上的毛发。

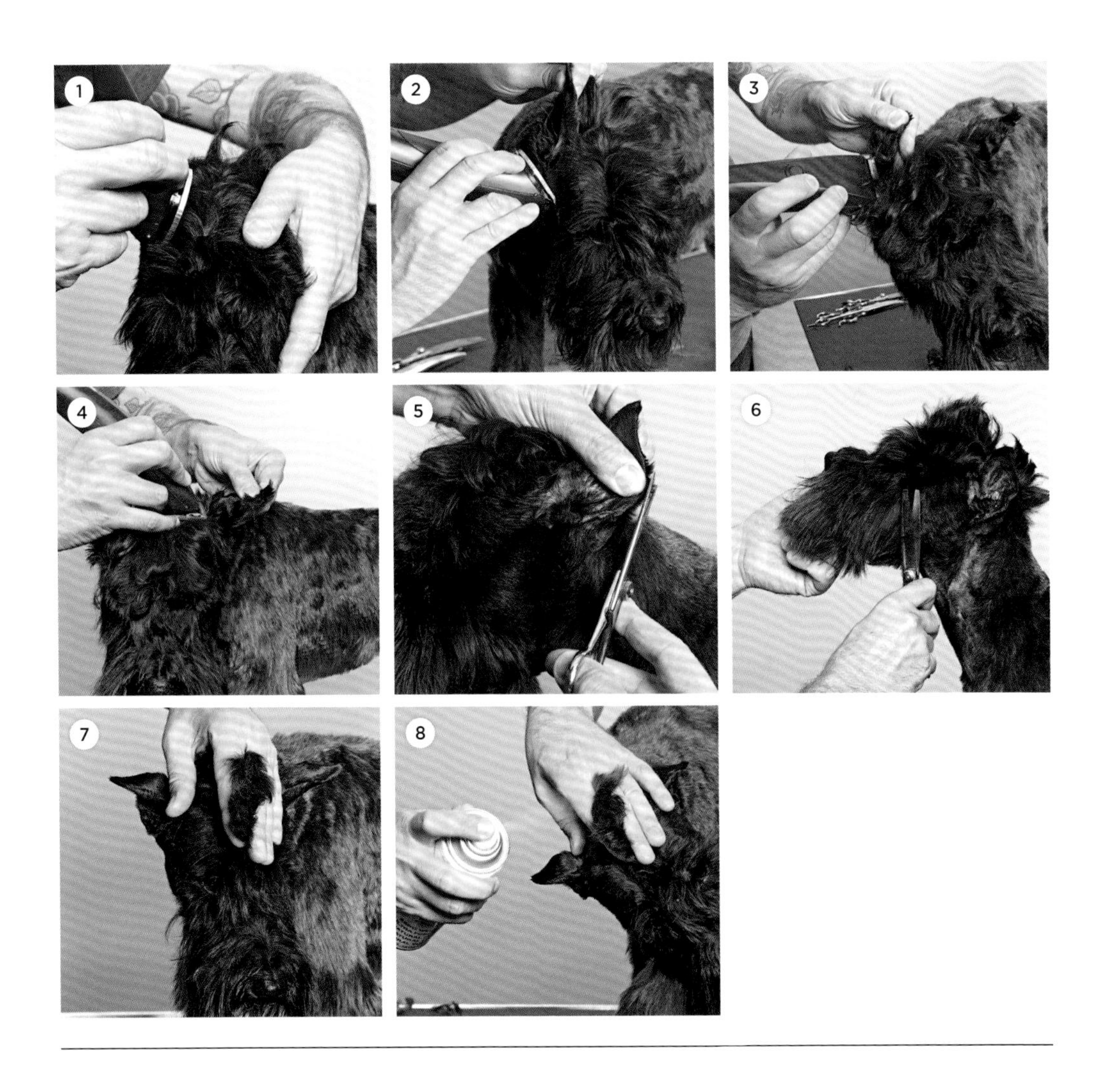

**步骤3**　将狗狗的耳朵放在掌心，用10#、15#或30#刀片修剪耳朵内侧的毛发。

**步骤4**　用10#或15#刀片修剪耳朵后侧及外侧的毛发。将耳朵向前拉，可以更好地看清耳朵后侧的状况。

**步骤5**　给耳朵剪毛时用手指做引导，防止剪到耳朵上的皮肤。

**步骤6**　用打薄剪给脸颊及胡须部分做过渡。

**步骤7**　用打薄剪按照从外眼角到鼻尖的方向修剪毛发，清理两眼间的毛发，并且将眉毛的轮廓修圆，让狗狗的外形更柔和。

**步骤8**　用两根手指夹住莫霍克头，然后喷定型喷雾，让毛发立起来。

用打薄剪修剪莫霍克头的顶部，形成圆润并且与颈部自然过渡的轮廓。最后用打薄剪修剪胡子，完成整个面部造型。

## 案例 3　躯干剃毛

**需要的工具**

- 针梳
- 梳子
- 电剪
- 10#刀片用于隐私部位
- 4#、5#、7F#或8.5#刀片用于躯干，根据想要的毛发长度选择
- 直剪
- 弯剪
- 打薄剪

将狗狗全身的毛发都剃光并不仅仅出于审美的考虑。对于有皮肤问题并且需要频繁进行药浴的狗狗来说，剃掉身上的毛发会大有益处。对于热带地区的狗狗来说，经常发生跳蚤感染，而且很难控制，剃短毛发可以方便我们密切关注跳蚤的情况，避免跳蚤引发大规模的感染。

值得注意的是，给双层被毛犬剃毛会影响毛发生长周期。

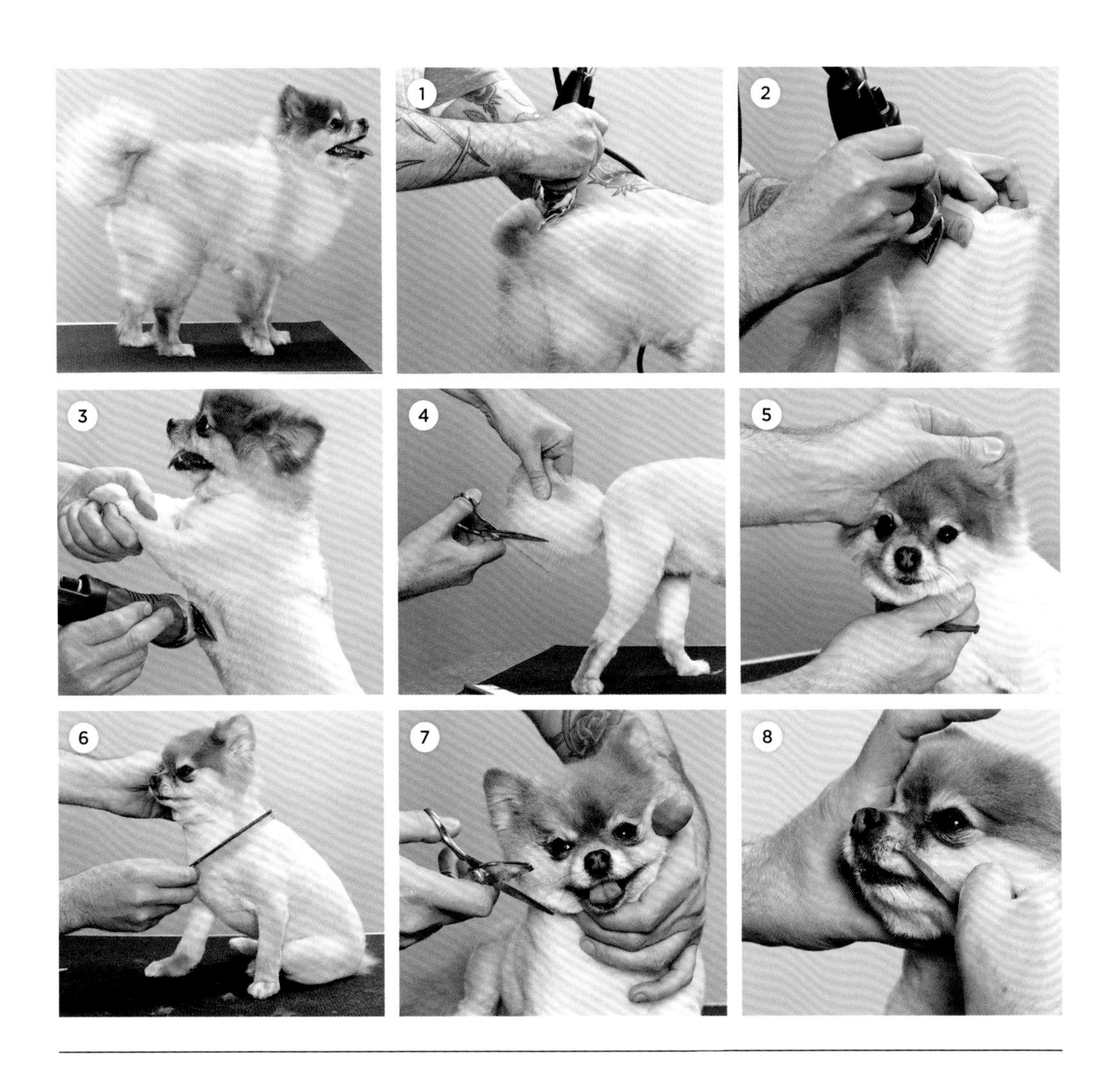


**步骤1**　从颈部向臀部，顺着毛发生长的方向剃毛。

**步骤2**　另一只手轻轻拉住狗狗的皮肤，保持皮肤绷紧。小心不要划伤褶皱和凸起部分的皮肤。

**步骤3**　给腹部剃毛时，让狗狗保持直立姿势，确保有足够清晰的视野，防止划伤或割伤脆弱的皮肤。

**步骤4**　用打薄剪修剪尾巴。

**步骤5**　用打薄剪修剪头部，让头部毛发与身体其他部位的毛发自然过渡。修剪耳朵上的毛发时，用手做引导，保护耳朵的边缘。

**步骤6、7**　将毛发梳向不同的方向，用打薄剪全面微调，达到整洁的效果。

**步骤8**　用一把小型圆头剪刀修剪胡须。

## 案例 4　顶髻

**需要的工具**

- 小枕头或毛绒玩具
- 尖尾梳
- 橡皮筋
- 糯米纸（可选）

给狗狗梳顶髻的初衷是为了不让毛发挡住眼睛，而不是给它做一场无需麻醉的拉皮手术。为了防止过度拉扯皮肤，下面会介绍具体的方法来帮助你给狗狗打造一个可爱的顶髻。

首先确保狗狗在美容区域是舒适的。揉揉它的耳朵让它放松下来。让它主动趴在小枕头或者喜欢的毛绒玩具上，保持舒适的姿势。

**步骤 1**　等狗狗趴好后，用尖尾梳把头部的毛发分出来。从眼角内侧开始，将毛发向上梳，暂时用发夹将这些毛发固定在头顶上。

**步骤 2**　用尖尾梳将外眼角到耳根内侧的毛发梳起来。注意不要将耳朵上的毛梳过来，否则会限制耳朵的正常活动，使狗狗感到不舒服，并想方设法摆脱小辫子。

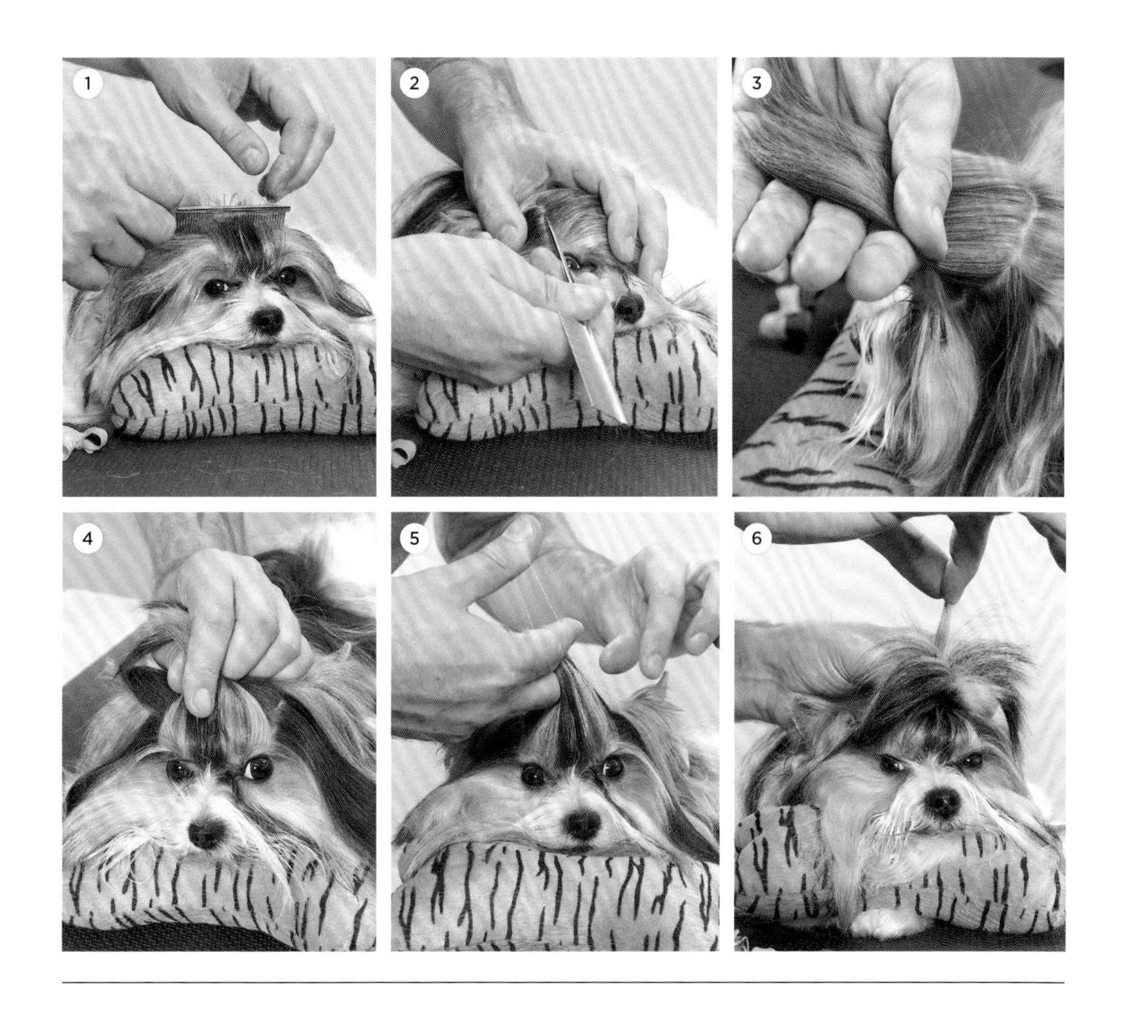


**步骤3** 在头顶后侧沿着半圆形将毛发分出来，与前面的毛发合并到一起。

**步骤4** 用尖尾梳分出来的所有毛发的边缘应该可以形成一个圆形，圆心就是顶髻的位置。

**步骤5** 一只手握住辫子，用橡皮筋缠绕固定。

**步骤6** 将顶髻调整到中央的位置，向后轻拉橡皮筋，松开一些前面的毛发，形成小小的隆起，让狗狗看起来更可爱。将辫子提起来，用尖尾梳梳理其他位置的毛发。

给狗狗梳顶髻不仅能打造利落美观的外形，还能避免过长的毛发挡住眼睛。

注意，橡皮筋绑的时间过长会使毛发受损。如果狗狗每天都要梳顶髻，在绑橡皮筋之前可以用一小片糯米纸裹住辫子，保护毛发。

## 案例 5　用电剪进行全身剪毛

**需要的工具**

- 电剪
- 10# 刀片
- 30# 刀片搭配辅助梳
- 5#、7F# 和 8.5# 刀片用于身体
- 小号和中号辅助梳用于腿部及头部
- 针梳
- 梳子
- 直剪
- 弯剪
- 打薄剪

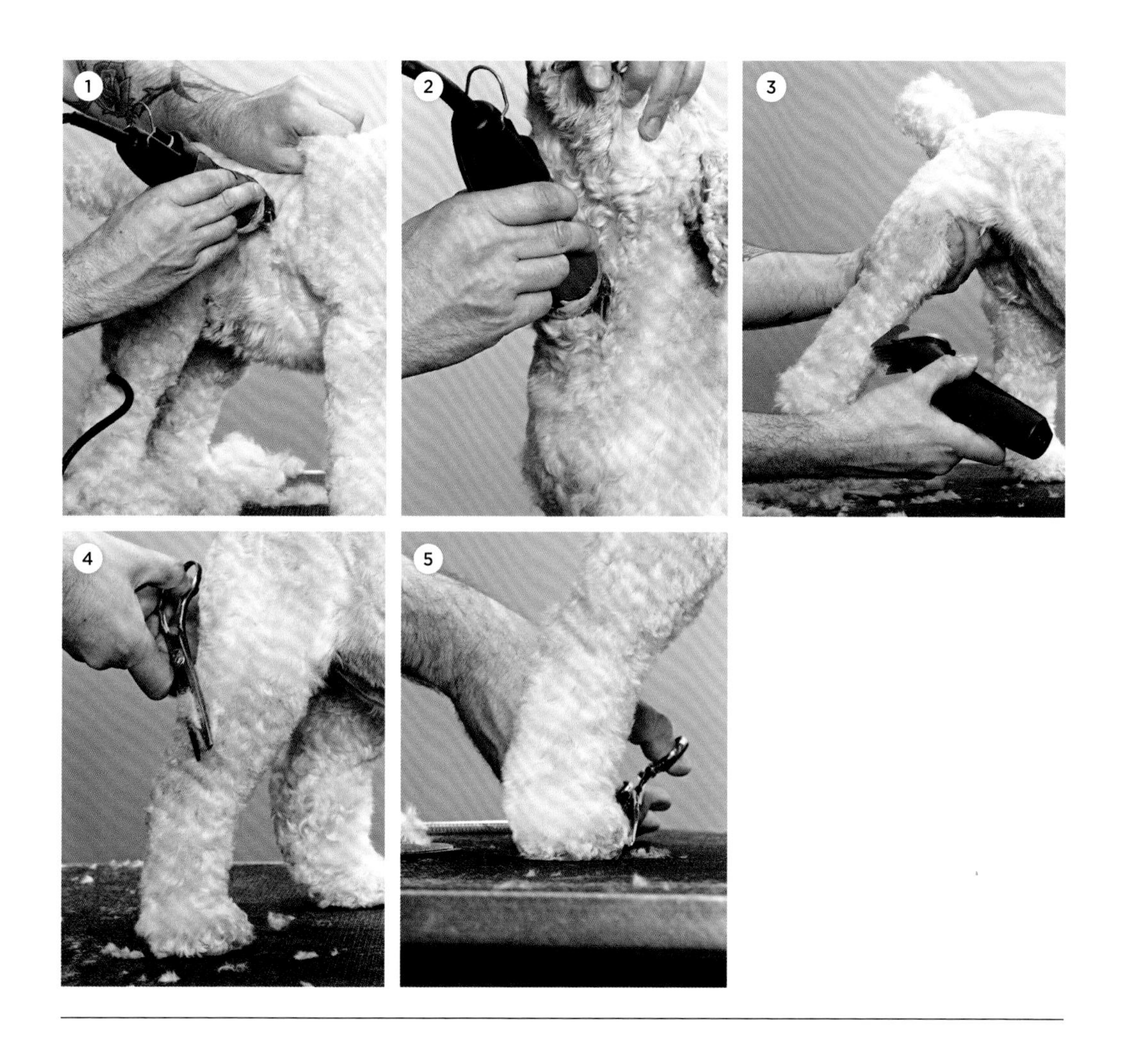

这种剪法名为“通用剪毛法”，是一种非常实用的剪法，尤其在炎热的夏季。修剪后，狗狗身上的毛发变短，只在四肢上留有一定长度的毛发，可以让被毛打理变得更加省时、省心、省力。

**步骤 1** 如左页下方图所示，沿着毛发生长的方向用电剪推毛。一只手推毛，另一只手拉紧周围的皮肤，确保电剪下的皮肤绷紧。注意避开抓痕、乳头以及其他增生组织。

**步骤 2** 处理脖颈处的毛发时，让狗狗抬起头，拉紧脖颈处的皮肤。

**步骤 3** 使用中号辅助梳搭配电剪修剪腿部毛发。将毛发向上梳起，再用电剪修剪一遍，以获得更柔顺的效果。

**步骤 4** 使用直剪修剪腿部轮廓，用打薄剪修剪过渡区。

**步骤 5** 修剪脚爪部位的毛发。

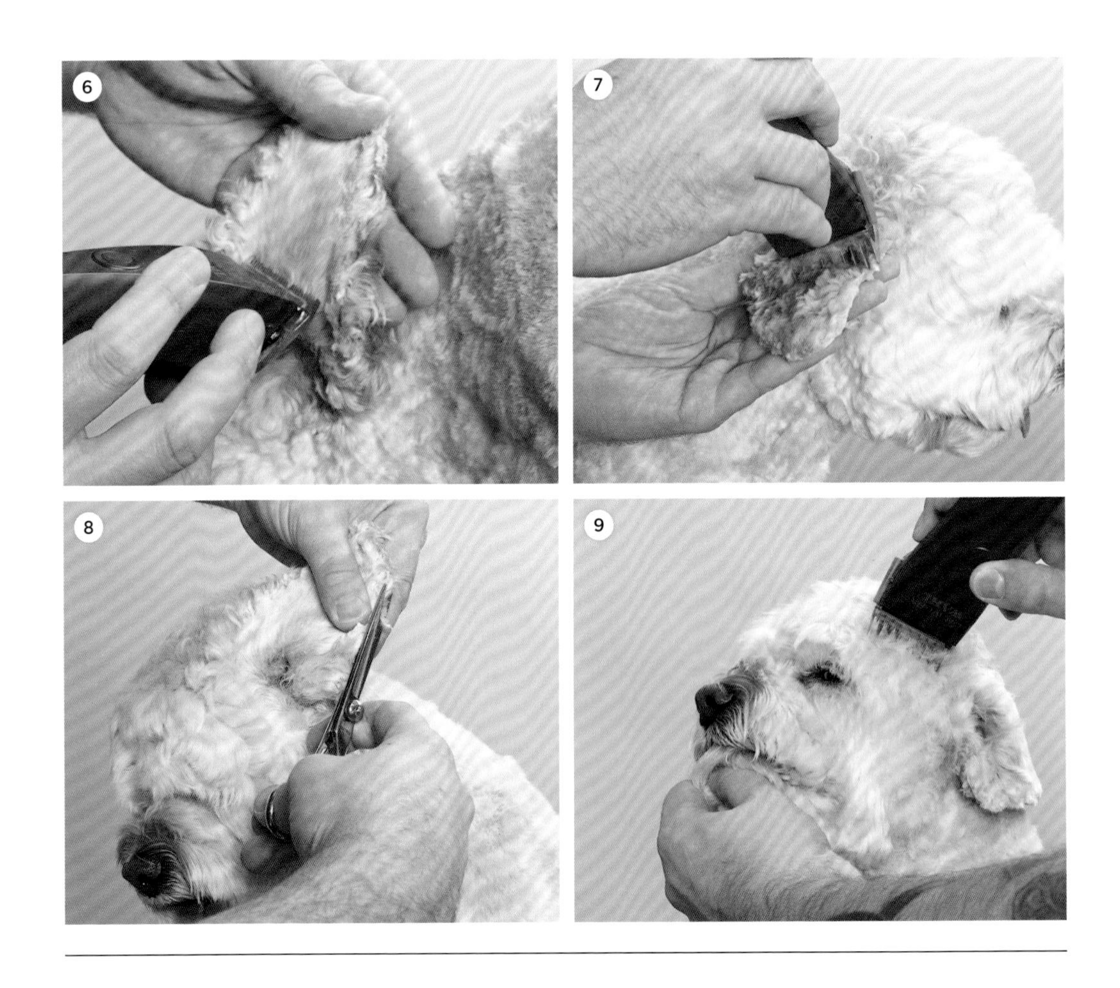

**步骤6** 将狗狗的耳朵放在手掌上，用10#刀片推掉耳廓内侧的毛发，注意耳朵边缘。

**步骤7** 用小号辅助梳搭配电剪，沿着毛发生长的方向修剪耳廓外侧的毛发。

**步骤8** 用剪刀修剪耳朵边缘的毛发，用手指做引导避免剪到皮肤。

**步骤9** 将狗狗的耳朵向后折，用小号或中号辅助梳搭配电剪，修剪头部的毛发。

**步骤10** 用打薄剪修剪耳根至外眼角之间的毛发。用打薄剪修剪眉毛时，将剪刀调整为从外眼角指向鼻子的方向，然后修整刘海。

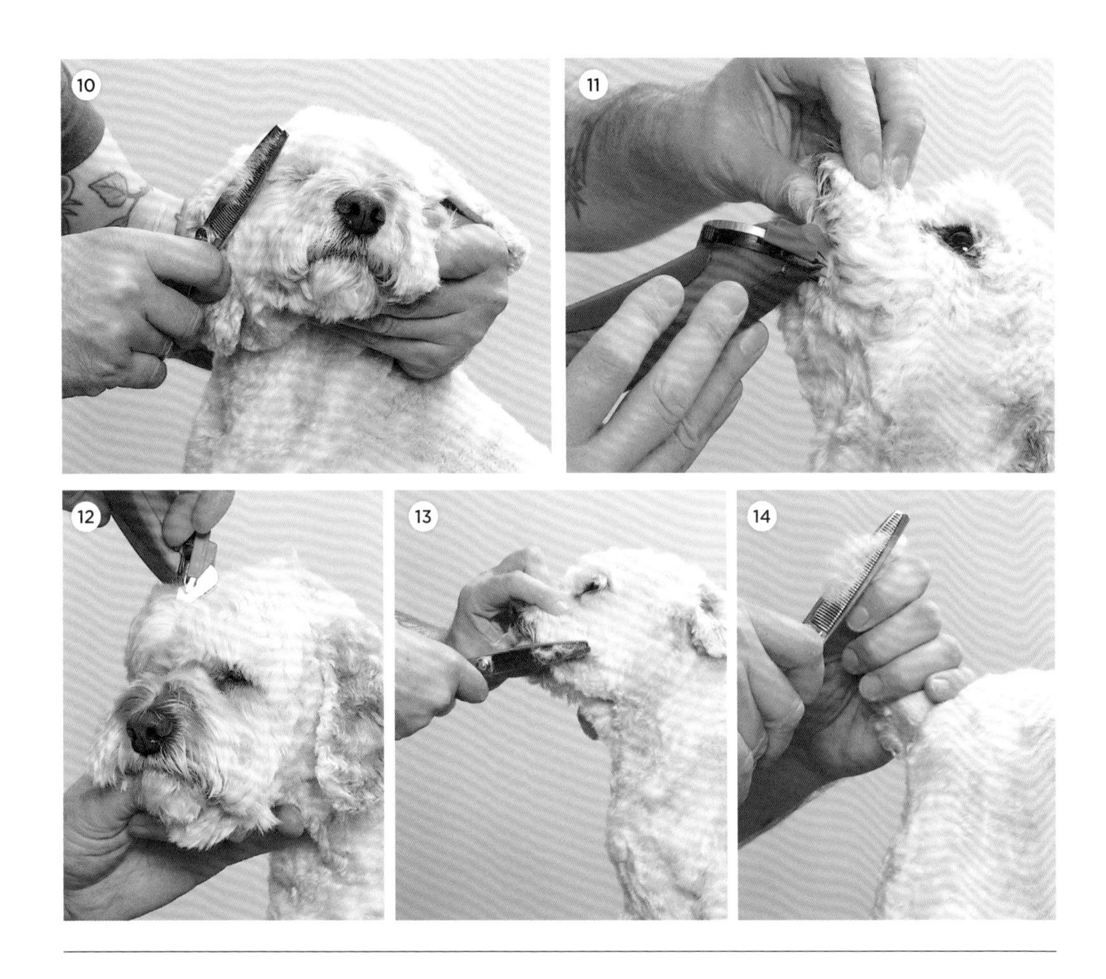


**步骤11** 抬起狗狗的下巴，用小号辅助梳搭配电剪，沿着嘴部向喉结的方向修剪。

**步骤12** 将头顶的毛发向前梳，用30#刀片从头顶向眉毛修剪。

**步骤13** 捏住狗狗的嘴巴，用打薄剪修剪嘴巴两侧的毛发。修剪过程中可能需要暂停几次，因为大部分狗狗都不太喜欢被捏嘴巴太久。让狗狗保持直立姿势，用电剪修剪腹部和私处的发毛。

**步骤14** 用剪刀修剪尾巴，最后用打薄剪微调。

# 案例 6　用剪刀进行全身剪毛

**需要的工具**

- 梳子
- 打薄剪
- 弯剪
- 直剪

给狗狗修剪造型时，用剪刀进行全身剪毛是自由度最高的一种方法。不过，手工剪毛也是美容技术中对体力要求最高的。

洗澡、梳毛后，先从脚爪及私处开始修剪。

用宽齿梳逆着生长方向将毛发梳理蓬松，尽量让毛发竖立。

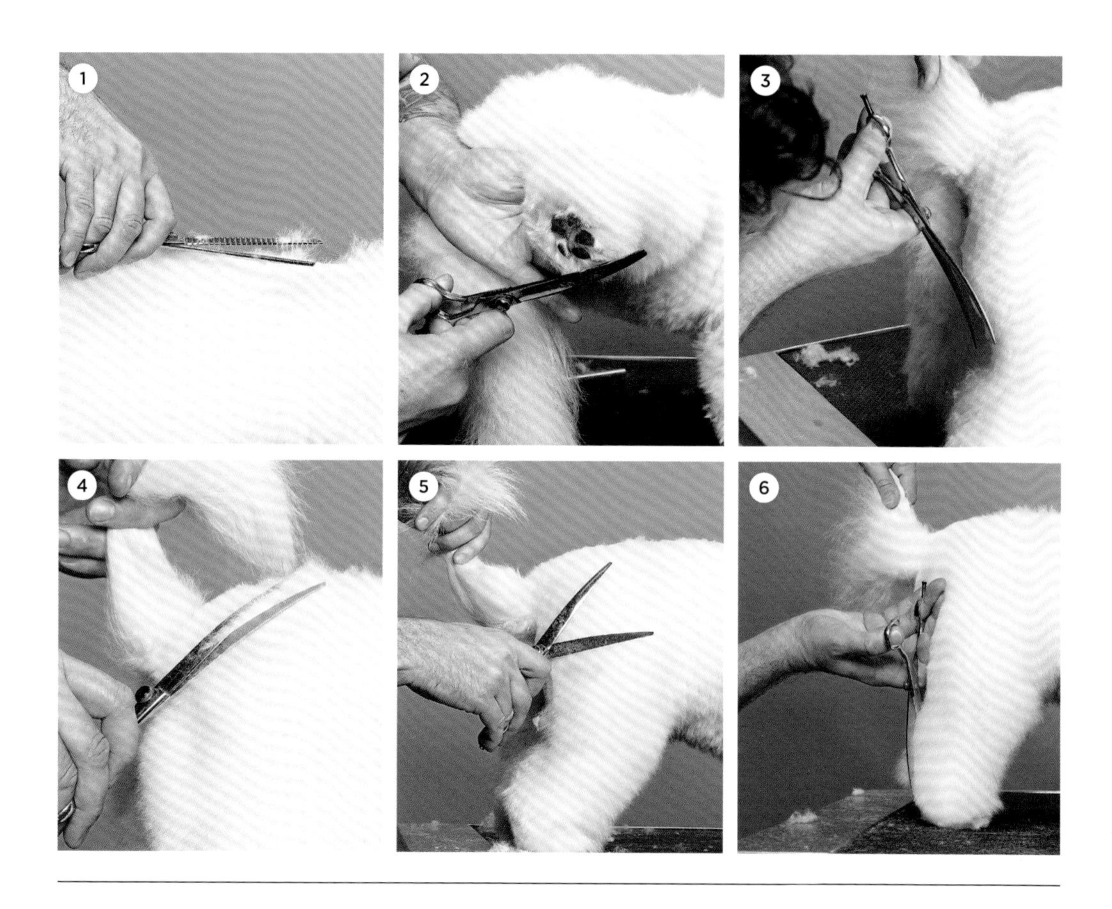

## 后半身

**步骤1** 站在狗狗的后方，用美容台的水平面做参考修剪出背线。然后从不同方向观察，调整背线。背线的毛发长度可为其他部分的修剪提供长度参考。

**步骤2** 背线确定好之后，下一步就是修剪脚爪的毛发。轻轻抬起狗狗的脚爪，用弯剪修剪。将剪刀保持在45度角可以打造出好看的斜面。

**步骤3** 后腿上的毛发向后梳，将弯剪倒过来剪刀头冲下修剪后腿的弧度。要顺着狗狗身体的弧线修剪，腿后面凹处的毛发剪得稍短些，将膝盖前凸处的毛发留长一些，能使狗狗腿部的弧线更明显更优雅。

**步骤4、5、6** 用弯剪和直剪将背线、后腿和脚爪部位的线条自然衔接到一起。

接下来修剪狗狗的前半身。

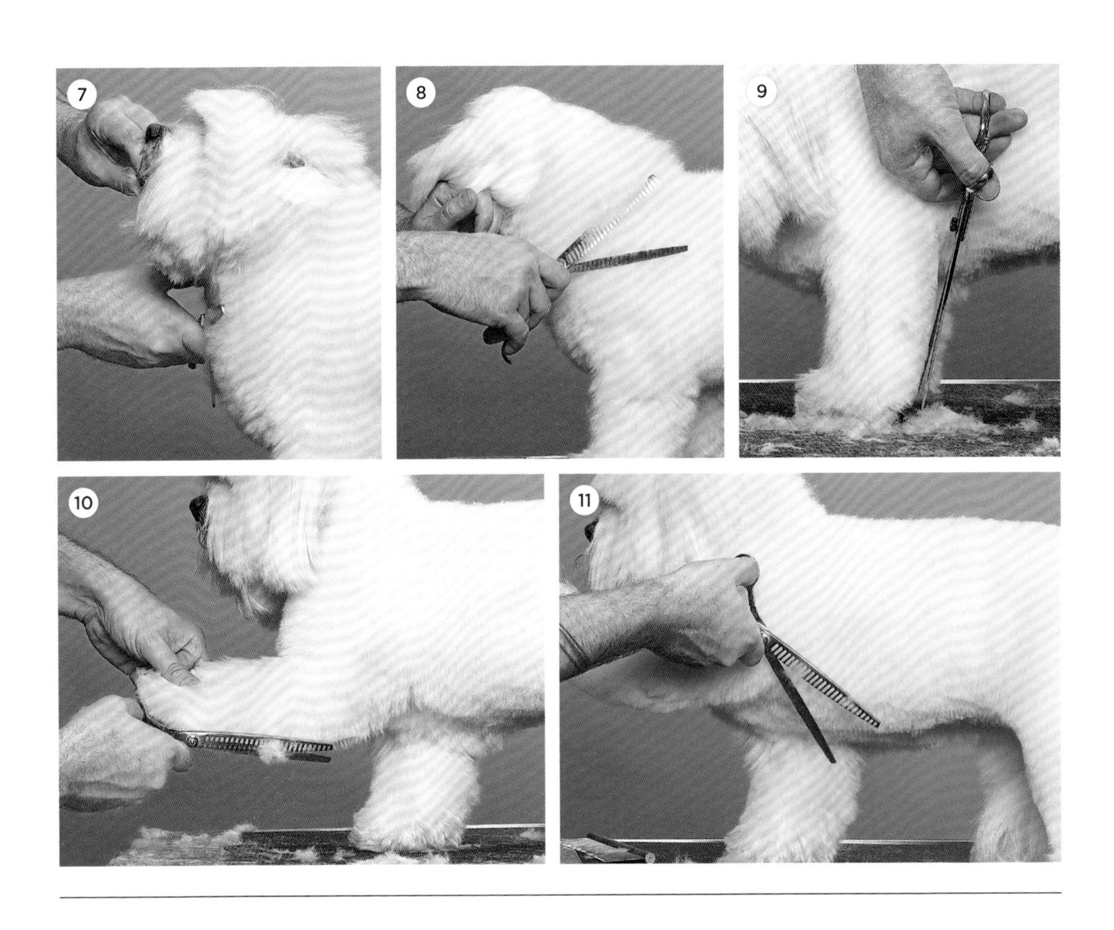


## 前半身

**步骤7** 找到狗狗的喉结，从喉结一直修剪到前腿与胸部的连接处。修剪后毛发轮廓应该形成一条柔和的曲线，从侧面看平滑地连接了胸部下侧和其他部分。

**步骤8** 用一把顺手的剪刀修剪胸部、颈部和身体侧面区域，注意遵循身体的自然线条，使各个部分之间过渡圆润自然。

**步骤9** 让狗狗自然站立，修剪前腿。从不同的方向梳理毛发，确保所有毛发都达到想要的长度。

**步骤10** 前腿向前抬起，将毛发向下梳，有助于修剪前腿的后侧。

**步骤11** 用打薄剪修饰整体轮廓，完成躯干部分的修剪。

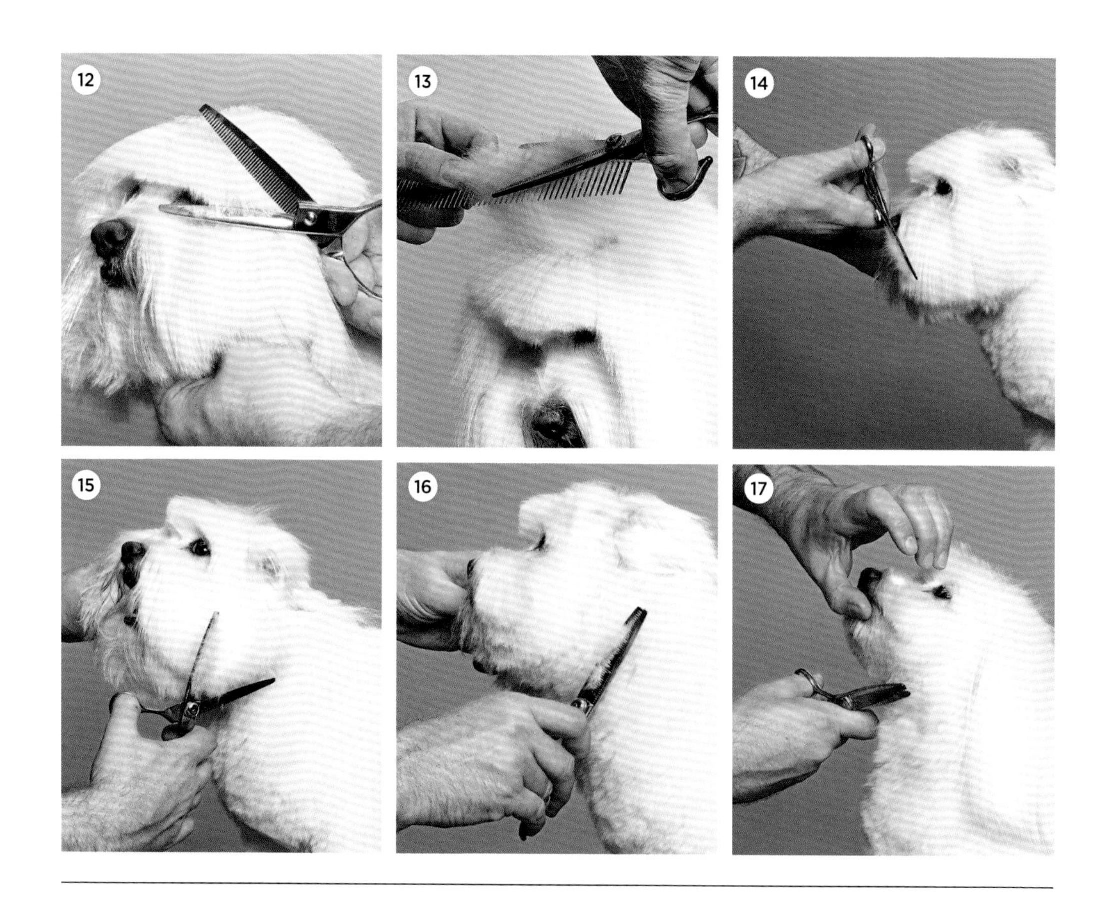


## 脸部

修剪脸部时，先将头顶所有的毛发向前梳。

**步骤12** 用打薄剪从外眼角开始修剪，修剪时剪刀要指向鼻子的方向。然后将脸部正面的毛发轮廓剪圆。

**步骤13** 用梳子把头顶的毛发梳起来修剪边缘，修剪完后将毛发梳下去，再梳上来一部分毛发修剪，每次都少梳上来一层，这样就能修剪出平滑、自然的层次效果。

**步骤14** 修剪头部两侧，将鼻尖与耳根处的毛发衔接起来。沿着下巴线剪出半圆形。打薄剪在修剪的同时能慢慢纠正线条弧度，并且不会留下突兀的修剪痕迹。

**步骤15** 用梳子将脸两侧的毛发梳起来，将超出假想轮廓线外的毛发剪短。多修剪几次，确保轮廓看起来自然。

**步骤16** 将耳朵折向头顶，修剪耳下的毛发，让头部侧面与颈部自然过渡。

**步骤17** 抬起狗狗的下巴，修剪耳朵与喉结之间的毛发，使其自然过渡。

把耳朵上的毛发修剪到想要的长度。打扮一下就大功告成了！

# 案例 7　拔毛

**需要的工具**

- 拔毛刀
- 钉耙梳
- 打薄剪

拔毛是一种主要用在㹴犬身上的美容技术，是将死去的毛发从根部彻底拔除，而不是剪掉或推掉。这种技术可以让新长出来的毛发更结实、更浓密，并帮助毛发保持天然的亮泽。拔毛还可以使毛囊保持自然的强度、质地和完整性，而且毛囊在拔毛后很长一段时间内几乎不产生异味。当刚毛被剪掉后，再长出的毛发会失去自然的质地和色泽，变成更柔软的毛发，这就需要主人更频繁地为狗狗梳理毛发。

最好在狗狗洗澡前进行拔毛，因为毛发在脏的时候不会打滑。拔毛后，用含有舒缓作用的天然药物浴液给狗狗洗澡，防止瘙痒。

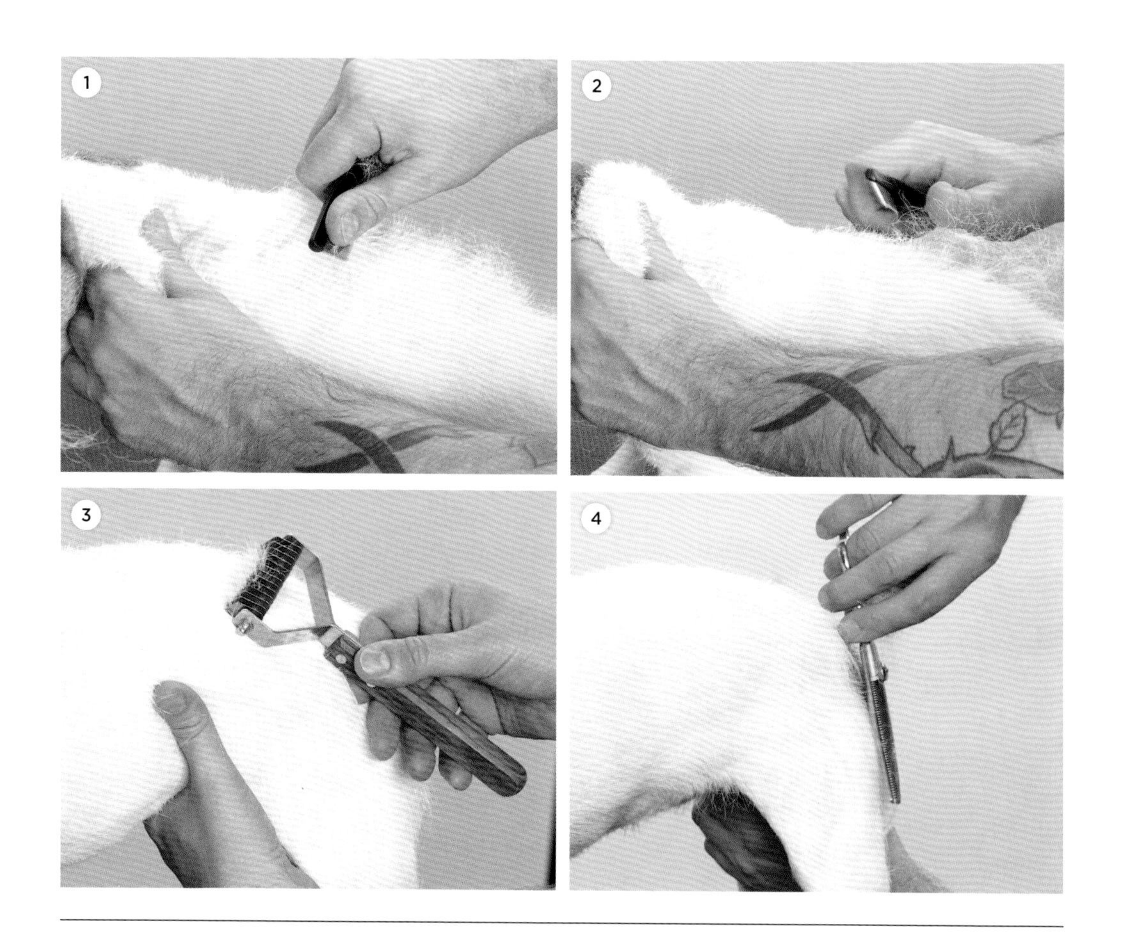


**步骤1**　一只手紧抓狗狗的皮肤，另一只手将一撮毛夹在拇指和拔毛刀之间。

**步骤2**　不要转动拔毛刀拧转着拔毛，要顺着毛发生长的方向拔毛。从颈部到尾部重复这一步骤，一个区域一个区域地拔毛。拔毛时将拔毛刀平放于毛发上，有助于形成更平整的轮廓。给面部拔毛时，每次只拔两三根。

**步骤3**　对于下层绒毛较厚的犬种来说，配合钉耙梳可以提升工作效率，使工作更容易。

**步骤4**　最后用打薄剪修剪整个轮廓。

# 案例 8　幼犬造型

**需要的工具**

- 电剪
- 7F#刀片用于躯干
- 10#刀片用于私处
- 30#刀片用于脚爪
- 中号辅助梳用于头部
- 直剪用于修剪轮廓
- 打薄剪用于微调

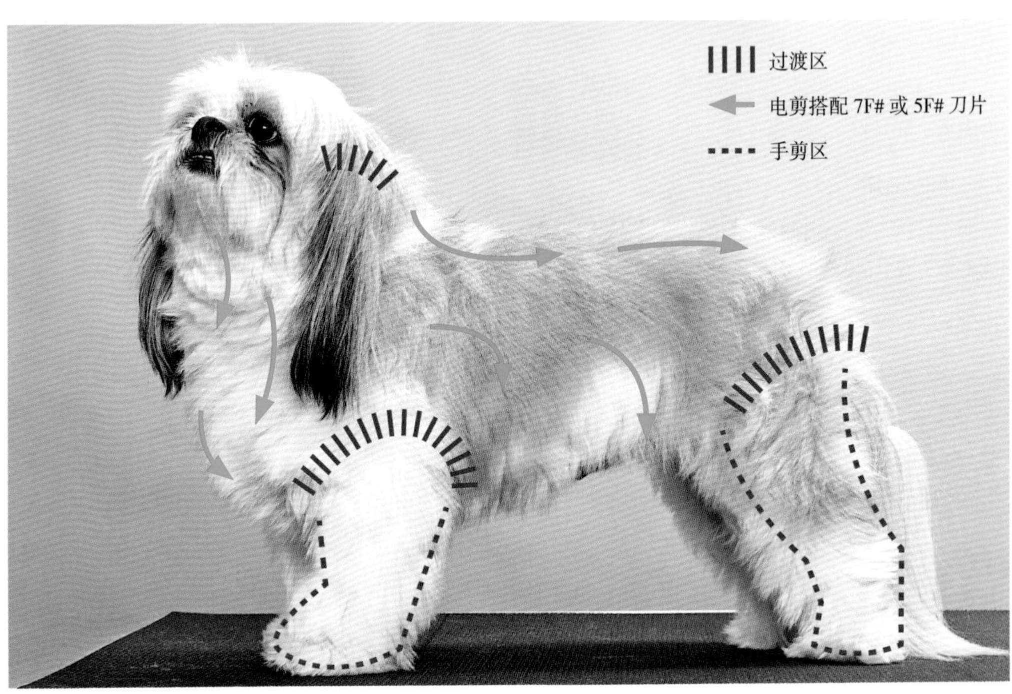

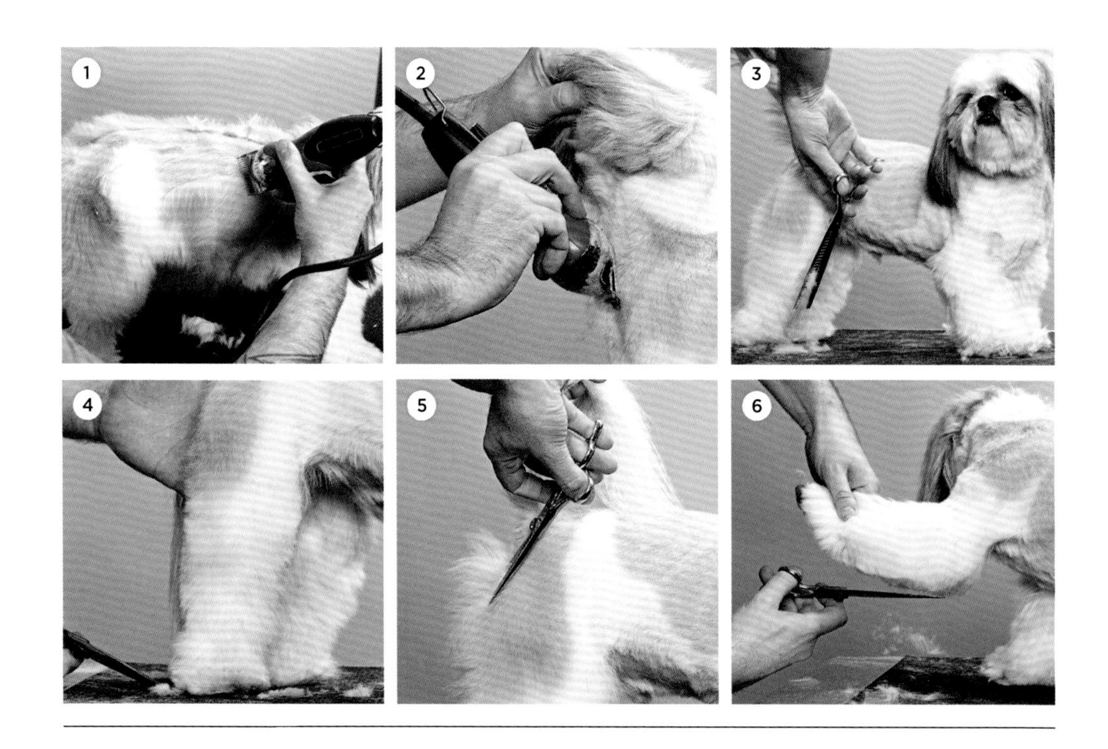

这是一种很受欢迎的造型，不需要过多的保养，而且可以兼具美观性与实用性。

不仅适用于幼犬，同样的修剪方法可以用于所有年龄段的狗狗，只要选择不同的刀片或辅助梳即可改变修剪的长度。对于爱穿衣服的时尚狗狗来说，这也是一个完美的造型：可以防止毛发打结，让衣服更加合身。

**步骤1** 先从私处和眼睛周围开始修剪（参考74页和80页）。然后用电剪从脖子沿着背部向尾巴修剪，再向下修剪身体两侧。

**步骤2** 修剪颈部时，先找到喉结的位置，顺着毛发生长的方向向下修剪。需要格外小心发旋和褶皱处，修剪这些区域的时候，要用另一只手拉紧狗狗的皮肤。

**步骤3** 修剪后腿之前，先确定腿的弯曲点（膝盖的前面和后面）。将膝盖后面的毛发剪短一些，膝盖前面的毛发留长一些，在视觉上突出狗狗身体自然弧线，让它看起来更优雅。

**步骤4** 修剪脚爪周围的毛发，剪刀保持45度角，使脚爪呈现斜面的效果。

**步骤5** 修剪腿部，让腿部和脚爪的毛发自然过渡，保持剪刀与地面垂直，修剪到想要的长度。注意不是所有的狗狗都是直腿。可以通过保留更多的毛发来弥补凹处，让腿看起来更直。

**步骤6** 将狗狗的腿向前拉，剪掉过长的毛发。

最后用打薄剪微调全身。

## 案例 9　玩具造型

**需要的工具**

- 电剪
- 10# 刀片用于私处
- 30# 刀片用于躯干
- 中号或大号辅助梳
- 针梳
- 打薄剪
- 直剪
- 弯剪
- 梳子

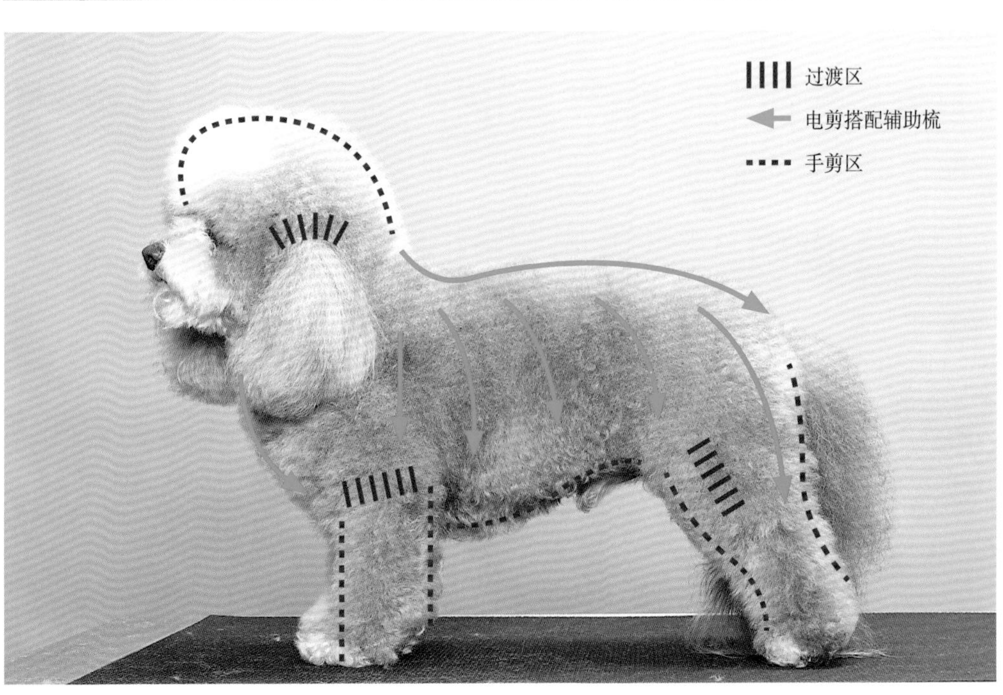

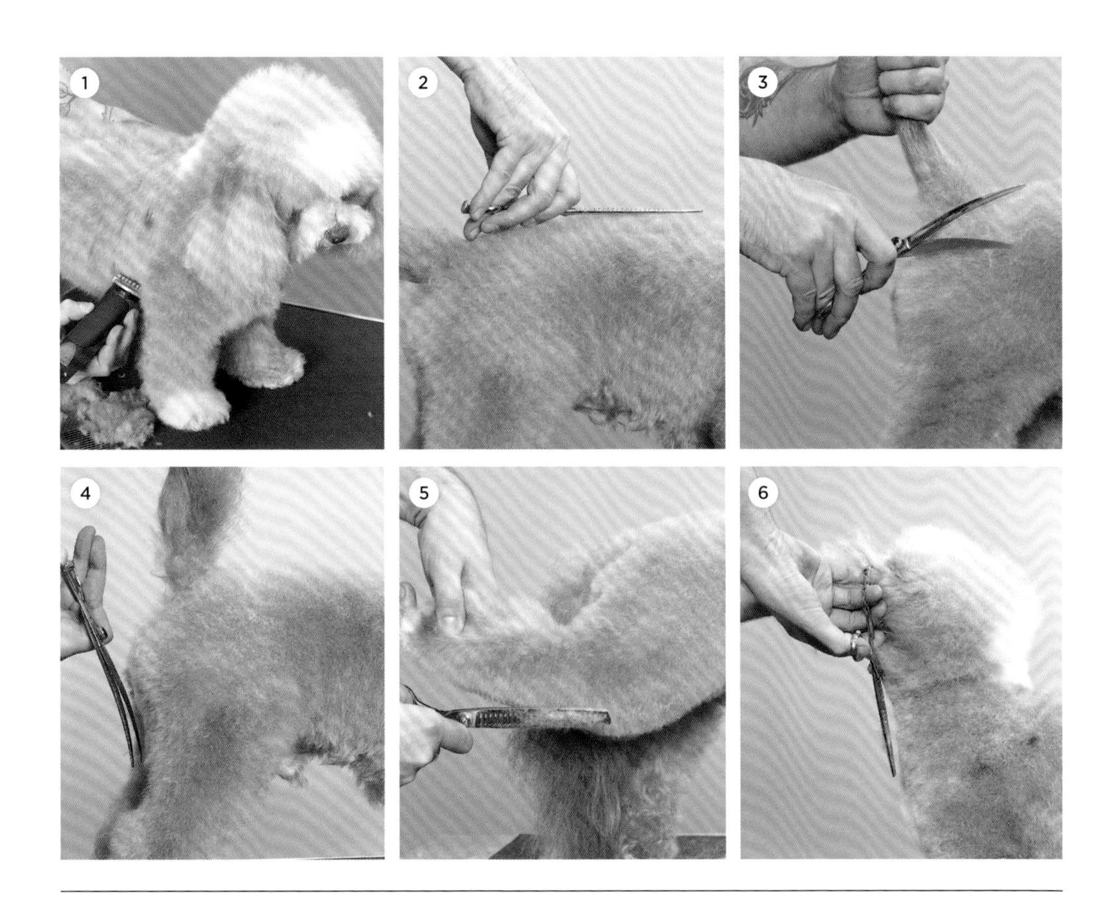

玩具造型具有柔软、圆润的边缘，以及甜美可爱的外形，会让人联想到毛茸茸的毛绒玩具。

**步骤1** 使用电剪搭配中号或大号辅助梳以及30#刀片，沿着毛发生长的方向修剪躯干部分。

**步骤2** 让狗狗自然站立，使用直剪修剪背线，保持剪刀与地面平行，使背线又平又直。

**步骤3** 抓起狗狗的尾巴，先用弯剪修剪，将背线与腿部的毛发自然衔接，再将剪刀垂直于地面修剪腿部两侧，使腿部看起来更直。

**步骤4** 使用弯剪沿着后腿弯曲的弧度进行修剪。将腿后方的凹处的毛发剪得稍短些，将膝盖前凸处的毛发留长一些，能使狗狗腿部的弧线更明显更优雅。

**步骤5** 轻轻抬起狗狗的后腿，将毛发向下梳，修剪后腿的前侧，使得腿部轮廓与躯干自然过渡。

**步骤6** 参考左页图中所示的修剪说明修剪头部。用打薄剪微调全身，消除剪刀和电剪留下的剪痕。

# 案例 10　贵宾犬造型

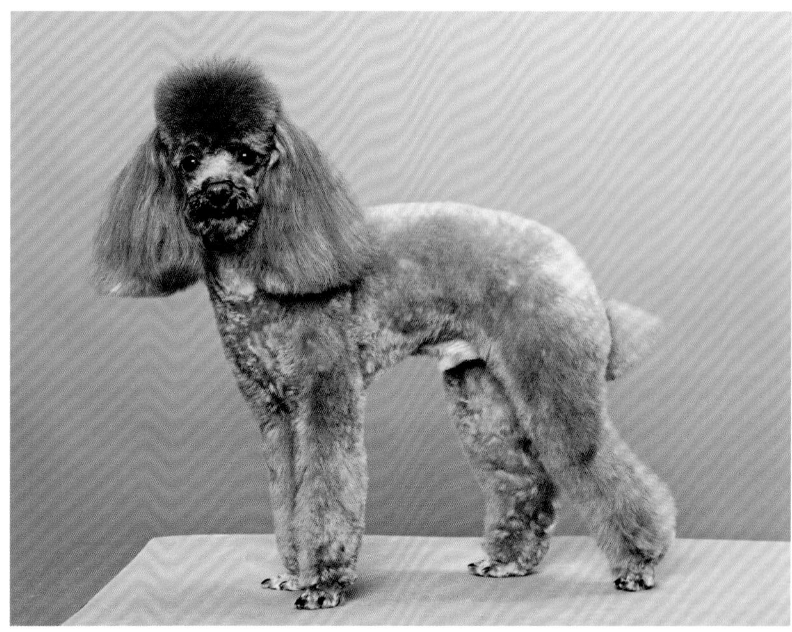

**需要的工具**

- 电剪
- 10# 刀片用于私处、面部及脚爪
- 4# 刀片用于躯干
- 30# 刀片
- 中号或大号辅助梳
- 弯剪
- 针梳
- 梳子

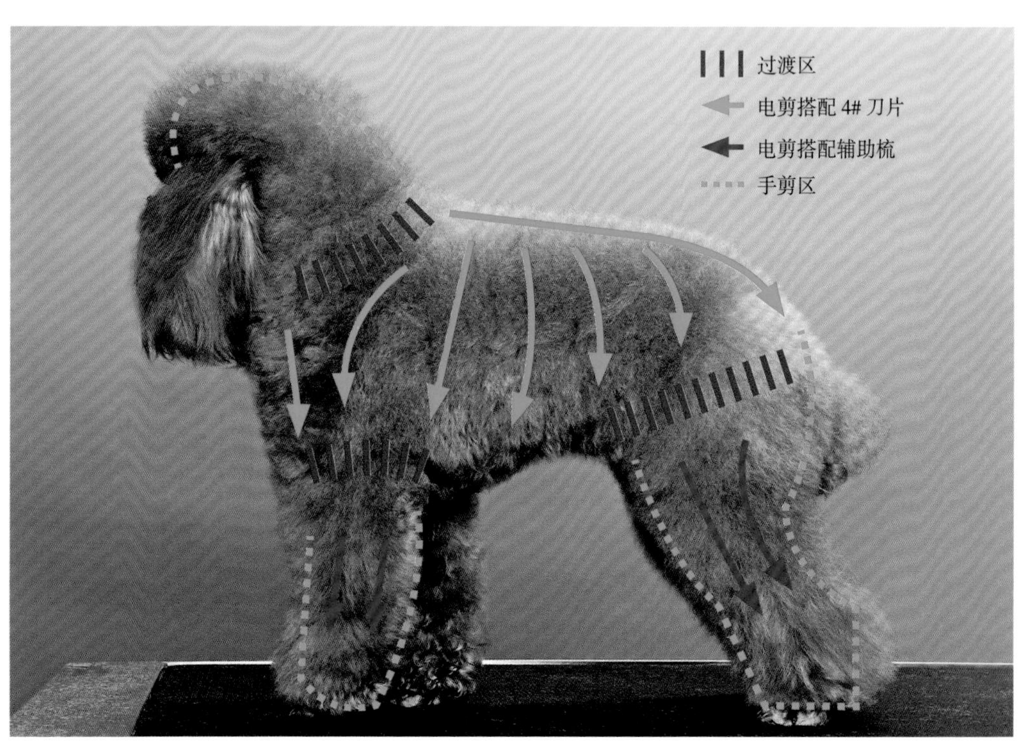

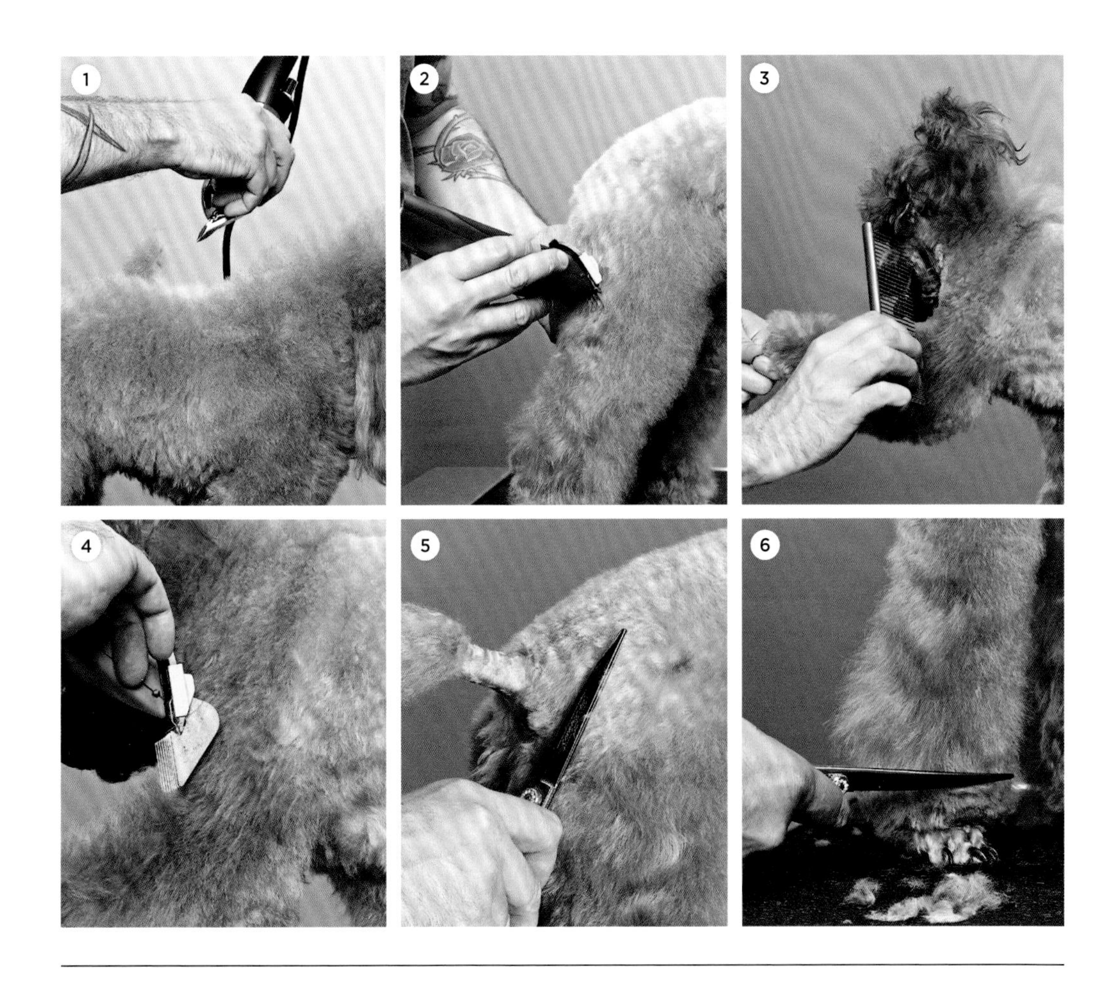


## 躯干

贵宾犬是最具代表性的美容犬，可以修剪出各种各样的造型。下面介绍一款简单但很有贵宾犬特色的造型。

**步骤1** 参考左页图片中的修剪说明，先用4#刀片搭配电剪沿着毛发生长的方向修剪背部和躯干。

**步骤2** 搭配中号或大号辅助梳，沿着毛发生长的方向修剪腿部。用梳子将毛发梳起来，再次用辅助梳搭配电剪推毛，确保所有的毛发都达到同样的长度。

**步骤3、4** 将前腿向前拉，用梳子将毛发向上梳，用辅助梳搭配电剪推毛。重复几次，以达到同样的修剪长度。

**步骤5** 用弯剪将腿部与躯干的连接处修剪到过渡自然。

**步骤6** 用弯剪修剪脚爪处的毛发，修剪过程中剪刀保持45度角，以达到完美的斜面轮廓。

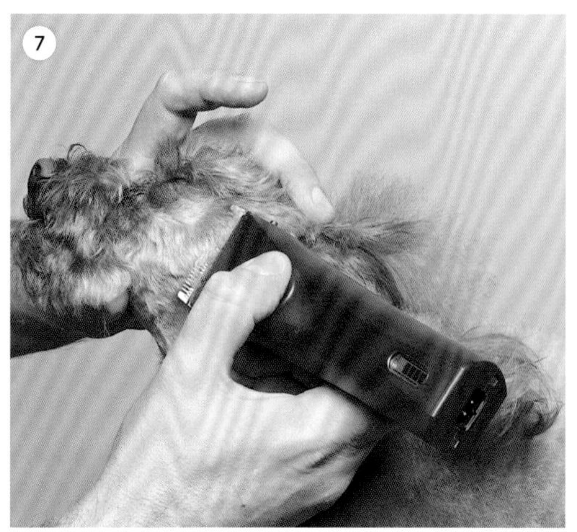


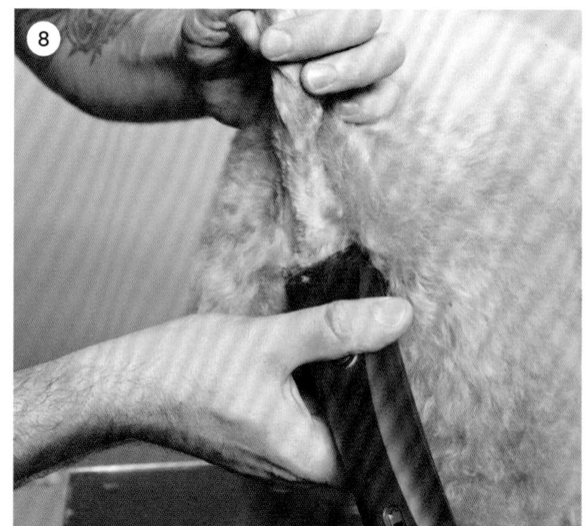


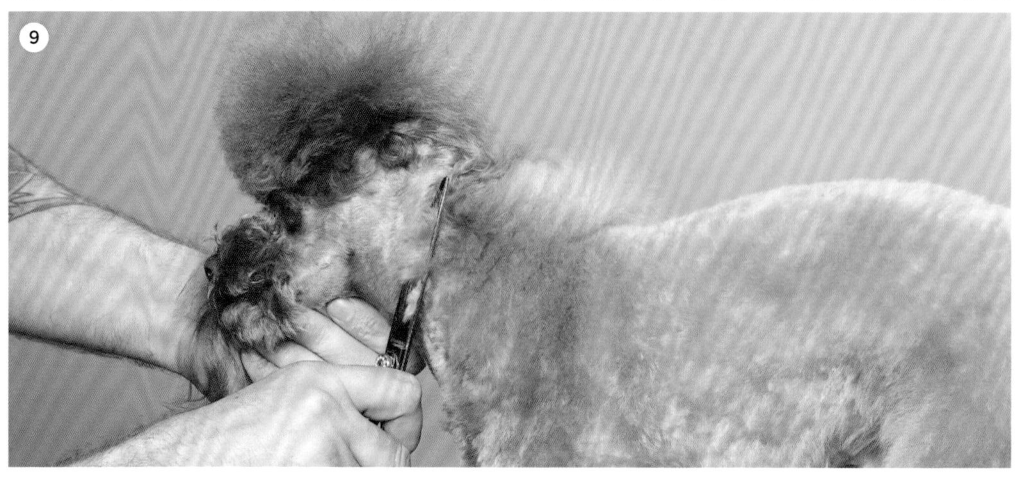


## 头部和尾部

**步骤7**　使用10#或15#刀片搭配电剪，从耳根向内眼角推毛，随后向下推到嘴角外侧。

修剪下眼睑附近时需要加倍注意，这部分要逆着毛发生长方向修剪。修剪颈部毛发时，从耳根推向喉结，随后向上推到颈部。保留脸颊处的毛发。

**步骤8**　用10#或15#刀片修剪尾巴根部。

**步骤9**　掀开耳朵，用弯剪将颈部与躯干连接处修剪到自然过渡。最后用打薄剪消除修剪留下的剪痕。

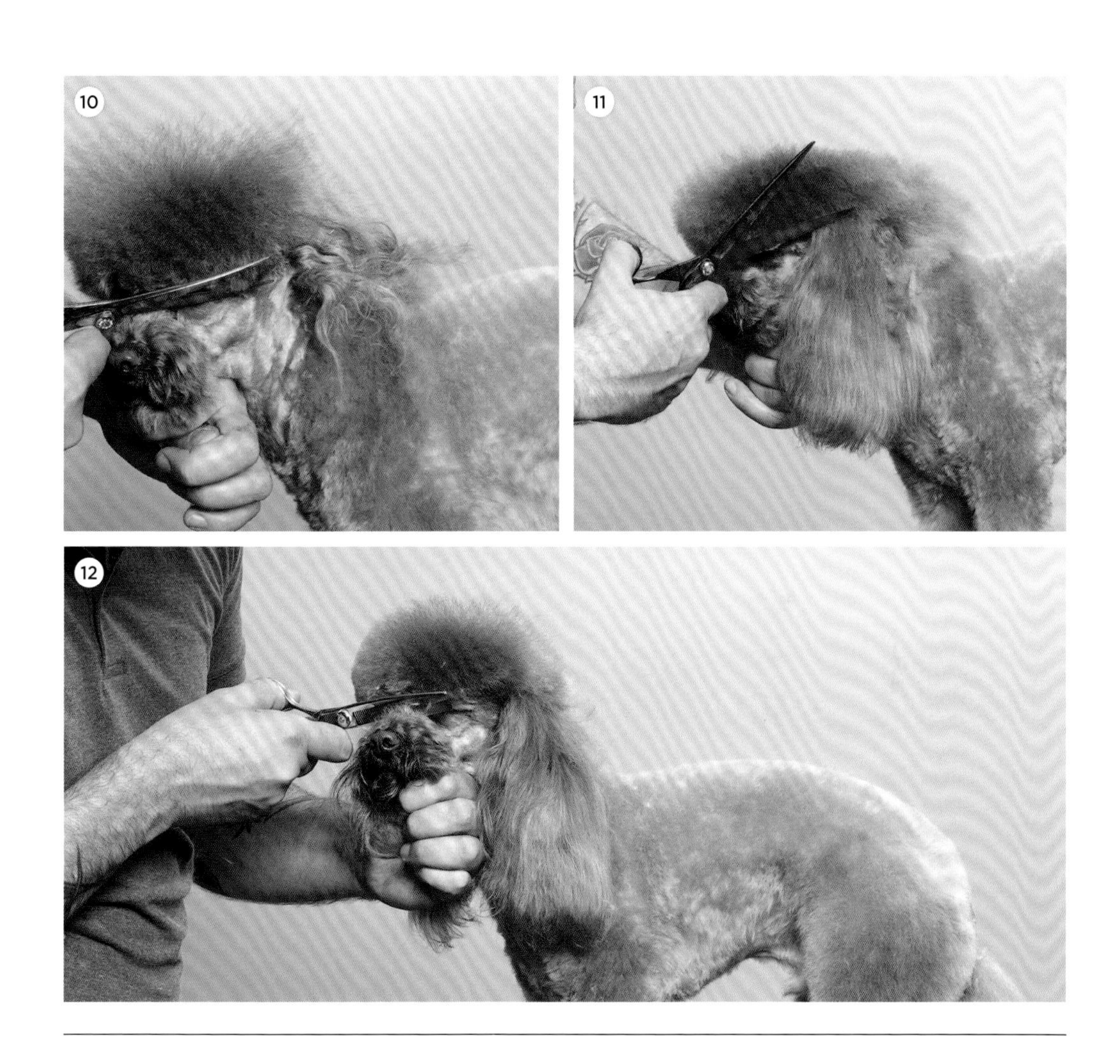

**步骤10** 弯剪保持45度角，修剪头部两侧与头顶的过渡。

**步骤11** 将头顶的毛发梳向一边，将所有盖过耳朵顶端的毛发用弯剪剪掉。另一侧重复同样的操作。

**步骤12** 将头顶的毛发向前梳，用弯剪修剪出连接两侧耳朵顶端的半圆弧形。

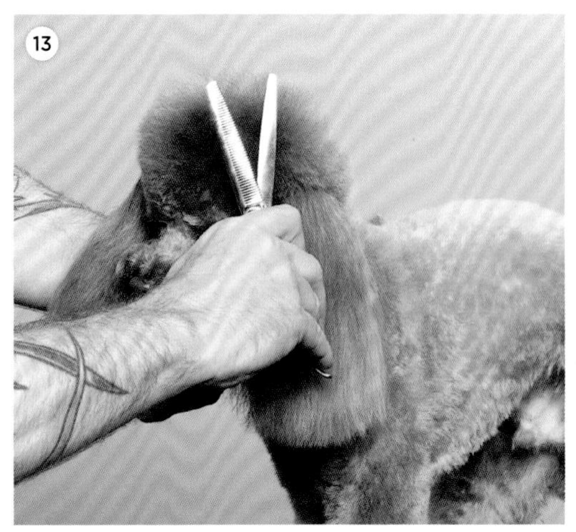

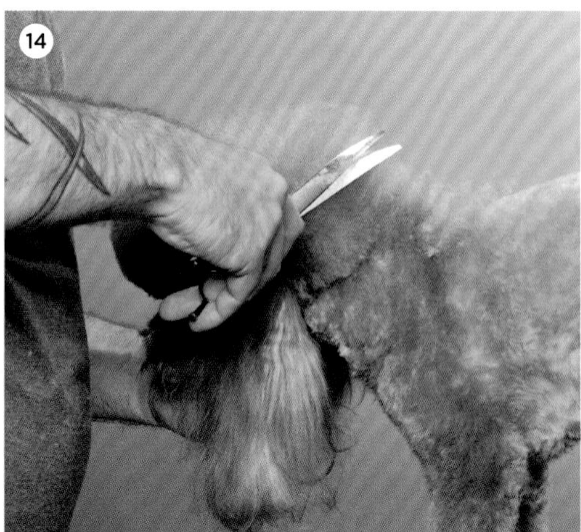

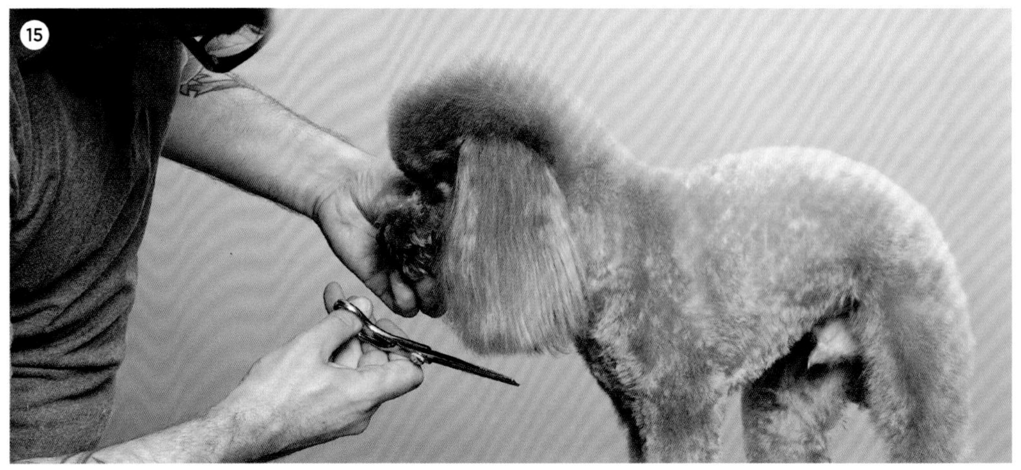

**步骤13** 用打薄剪微调整个头部，让头部轮廓更圆滑并去除修剪的痕迹。

**步骤14** 用弯剪将头部后侧的毛发与颈部毛发修剪到过渡自然。

**步骤15** 将耳朵上的毛发向下梳，修剪耳朵下端的毛发。

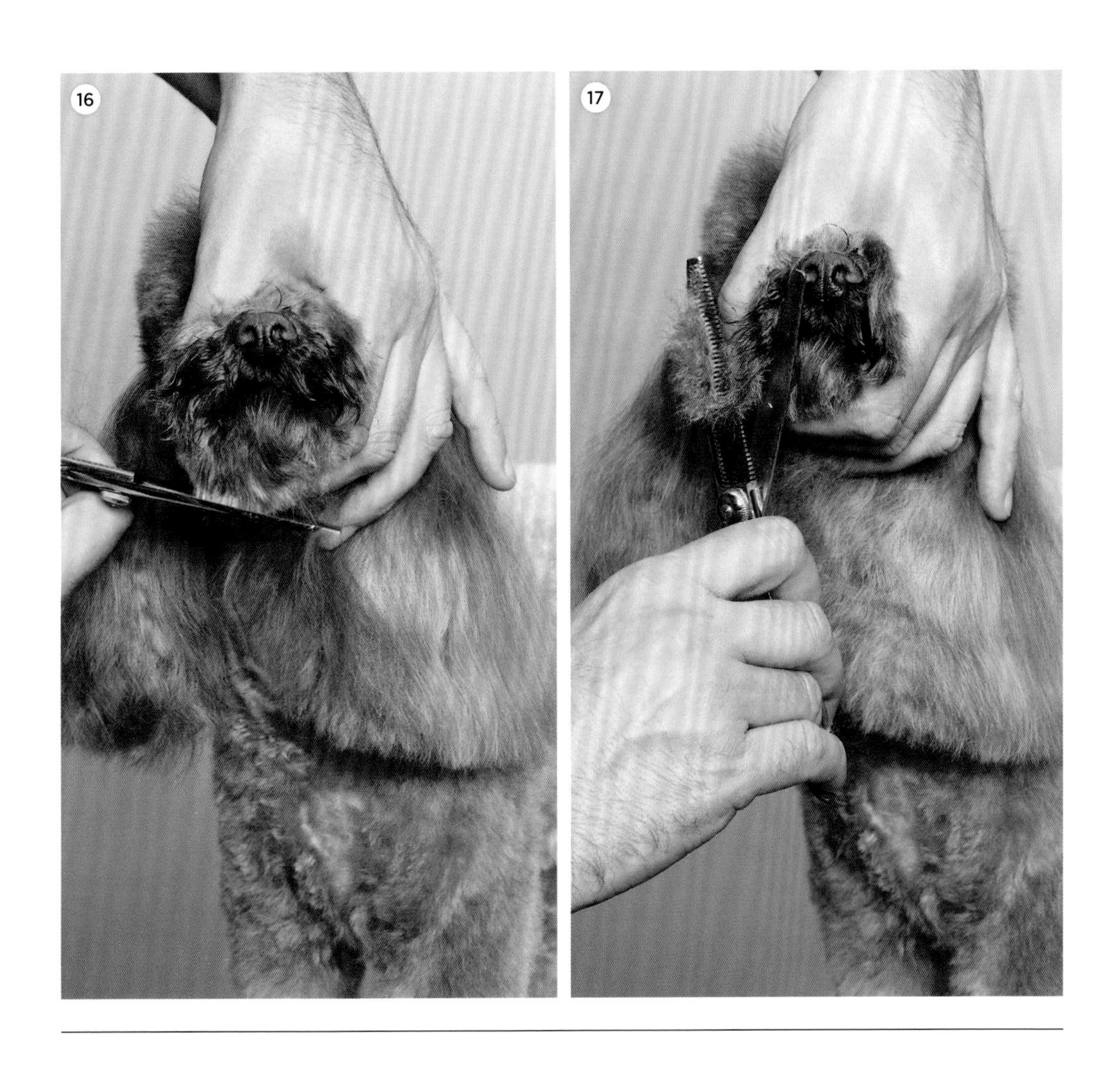

**步骤16**　用手固定住狗狗的嘴巴，将嘴部毛发向前梳，将嘴部毛发修剪成圆形。修剪嘴唇周围的毛发时，用手指做引导，避免狗狗忽然伸出舌头时舌头被伤到。

**步骤17**　最后用打薄剪将嘴部与周围的毛发修剪到过渡自然。

# 第6章

# 除污、除虫、急救

我们都希望狗狗能自由自在地奔跑，消耗掉所有被压抑的能量。但户外奔跑，甚至是日常散步都很有可能演变成一场灾难——当狗狗踩到或碰到某些具有黏性的东西。

下面介绍几种常见脏污的解决办法，有效性取决于狗狗的被毛类型。粗糙的被毛通常更强健、更容易清理，因为粗糙的毛发结构会自动排斥很多物质，将脏污留在表面。双层被毛犬较难去除脏污，因为接触到的所有物质都会穿过柔软的绒毛，到达毛发底部，通常需要进行额外的特定清洁。

# 1. 除污

## 油污

遇到油污必须尽快清除，因为油污很快会扩散到狗狗全身。最好不要让狗狗自己舔舐，因为这些物质可能有毒。

先涂抹大量的玉米淀粉并充分揉搓，确保大部分油污被吸收。几分钟后，用一把旧的针梳或者容易清洗的梳子去掉粉末。你一定不希望自己经常使用的梳子沾满油污。接下来，用去油浴液或洗洁精清洗沾到油污的区域。让浴液静置几分钟，然后彻底冲洗干净。必要时重复上述操作。使用毛巾也可以帮助去除油污。用干燥的毛巾包裹并揉搓沾了油污的毛发，去除大部分的油污。然后涂抹少量玉米淀粉或婴儿粉，确保所有残留的油脂都被吸收。

## 灰尘和泥土

如果狗狗在泥坑里玩疯了，而你手边又没有浴缸给它洗澡，最好的解决办法就是等它晾干之后，在脏了的地方撒一些玉米淀粉，然后用针梳梳掉。

## 口香糖

在狗狗的毛发中发现一块口香糖很可怕，但想想口香糖是怎样到它身上的更可怕。值得庆幸的是，清除口香糖并不像看起来那么困难。

一个简单的解决方法是在口香糖上涂抹花生酱。用手指均匀地涂抹花生酱，让油脂分解口香糖。几分钟后，用梳子梳开口香糖，同时涂抹更多的花生酱，直到口香糖完全脱落。你不用担心黏糊糊的手指——我相信狗狗会很乐意帮忙。

另外，把指甲修剪整齐是防止口香糖粘在狗狗爪垫上的好方法。

## 油漆

水溶性油漆并不难去除。如果已经干了，先用针梳尽可能地梳掉油漆，打破油漆的封印。然后用浴液或洗洁精浸泡过的毛巾擦拭油漆，并冲洗干净。

油性漆较难去除。先用植物油浸泡油漆，静置一夜，然后用浸泡过洗洁精的毛巾擦拭油污，并冲洗干净。如果油漆位于狗狗可以舔到的地方，可以用废旧的t恤或绷带包裹。有时，根据狗狗的性情，也可以使用伊丽莎白圈来防止它舔舐油漆区域。

## 蜡烛油

第一步应该是检查，确保热蜡液没有烫伤狗狗的皮肤。

用手指尽可能地捏碎蜡块，用梳子尽可能地清除蜡渍。在蜡渍部位涂抹花生酱、植物油或矿物油，用梳子辅助清理。绝不要用加热熔化蜡渍的方式，因为很容易烫伤狗狗。最后用浴液清洗蜡渍区域并冲洗干净。

## 强力胶

顾名思义，强力胶很难去除。尝试用植物油或矿物油溶解，静置几分钟，然后用梳子辅助清理，每次只处理一小部分。

如果这个方法不管用，并且强力胶把毛发弄得一团乱，那就只能剪掉这部分毛发了。小心地将梳子插在沾了胶水的毛发下面，不要拉扯，以免伤到狗狗。用小圆头剪刀将毛发剪掉一半。用手指慢慢打开毛结，涂抹植物油或矿物油静置。然后用浸泡过洗洁精的毛巾擦拭揉搓，最后冲洗干净即可。

## 臭鼬

如果要问去除狗狗身上的臭鼬气味的最好方法，大概会有1001种回答。

臭鼬喷出的物质是一种油性分泌物，由臭鼬尾巴下的腺体产生。这种分泌物中含有的基础化合物为硫醇。硫醇是一种易与蛋白质结合的抗性物质，即使清洗后仍会有残留。在洋葱和大蒜中也发现了类似的化合物，这就是为什么洗手之后它们的气味还会留在手上。番茄汁只能将气味掩盖住，并不能完全去除。为了中和臭鼬的分泌物，推荐使用以下配比的混合物：1000毫升3%的双氧水加55克小苏打，再加一点液体洗涤剂。

臭鼬一般不会主动出击，只有狗狗接近它时才会释放分泌物，因此分泌物最集中的区域应该是狗狗的脸上。使用浸泡过过氧化氢溶液的毛巾帮狗狗把脸上的每一个小角落都清理干净。

# 2. 除虫

## 跳蚤和蜱虫

跳蚤和蜱虫有数百种之多，但它们都有一个共同的特点，那就是麻烦。如果对狗狗身上的跳蚤和蜱虫置之不理，可能会导致一连串的问题。总的来说，提前预防好于事后治疗。

经常检查狗狗的被毛和皮肤，看看是否携带跳蚤和蜱虫，发现问题后要立即处理。白色短毛犬种最容易检查，深色长毛犬种需要更仔细地检查。日常给狗狗梳理毛发有助于全面检查狗狗的毛发和皮肤。

经常洗澡同样必不可少，特别是对于经常在户外活动的狗狗。如果狗狗身上有了跳蚤，可以使用含有强烈气味的天然油（如桉树油或茶树油）浴液，有助于驱除跳蚤。经常用吸尘器打扫房间也很有必要，尤其是家具和地毯。许多狗狗喜欢睡在我们的床上，记得要经常清洗床单。

也可以使用宠物医生推荐的预防跳蚤和蜱虫的局部药物。

使用针对跳蚤和蜱虫问题的药用浴液时，要严格遵循生产公司的使用说明，因为所有含药物的浴液在狗狗身上停留的时间超过说明上限可能会严重刺激皮肤。

使用需要长时间停留在狗狗身上的药用浴液或其他产品时，务必给狗狗使用眼药水，避免任何上述产品流进眼睛。使用时在手边准备一条干净的毛巾，方便随时将沾到脆弱部位的产品擦掉，尤其是生殖器和肛周等敏感的部位。

考虑到天然配方的跳蚤和蜱虫产品不足以杀死跳蚤卵和蜱虫卵，可以隔几天重复使用，彻底清除跳蚤和蜱虫。

跳蚤的种类会因为你生活的地方而有所不同。但无论哪种跳蚤，都可以用同样的方式解决。跳蚤往往生长在高草、杂草上或阴凉潮湿的地方。确保院子干净，草坪修剪整齐非常重要。院子里不要有落叶和杂草，让灼热的太阳能直接照射到院子里，有利于减少跳蚤的繁殖区。

跳蚤叮咬狗狗之后，会留下唾液。许多狗狗对跳蚤唾液极其敏感，会出现过敏症状。皮肤敏感的狗狗就算只被跳蚤咬了一口，也会立刻陷入瘙痒的魔咒，它会疯狂地啃咬、抓挠自己的皮肤，试图缓解灼烧感和瘙痒感。因此需要立即进行治疗，防止它伤害自己。

蜱虫则很少立即引起反应，这也是它们为什么可以比跳蚤存在更长时间而不被发现。并且蜱虫的危害更大，甚至可能会危及狗狗和主人的生命。蜱虫可以传播十多种疾病，包括莱姆症、立氏立克次体斑疹热和兔热病等。

跳蚤和蜱虫产品的有效对象涵盖多种跳蚤和蜱虫，但并不是全部。市场上没有一种产品可以杀死所有的跳蚤和蜱虫，所以要先识别蜱虫的种类，并辨别狗狗究竟有感染哪种传播疾病的风险。

● 去除跳蚤

用跳蚤梳给狗狗进行全身梳毛是去除跳蚤的最好方法。根据不同的被毛类型，选择在狗狗洗完澡身上还湿着的时候或已经干了的时候进行梳毛。塑料材质的跳蚤梳柔韧性更好，可以放心在脸部使用。

## ● 去除蜱虫

除了镊子或清理蜱虫的专用工具外，还需要准备一个装有外用酒精的容器，以将蜱虫彻底杀死。把蜱虫顺着马桶冲下去并不能杀死它们。

蜱虫唾液中携带的病毒可以传染给人类，因此要戴上手套进行操作。用镊子或清理蜱虫的专用工具尽可能靠近皮肤地轻轻夹住蜱虫，用缓慢但稳定的力量向上拉蜱虫。去除蜱虫后，用外用酒精清洁该区域，并涂抹抗生素软膏。

如果蜱虫头部的任何一块留在了皮肤内，在蜱虫叮咬的位置上会出现一个小伤痕，这是狗狗身体的自然反应。密切关注伤口，很可能几天后伤口就消失了。

如果你生活在一个蜱虫会携带疾病的地区，最好将取下来的蜱虫保存下来，以备需要的时候将它拿给宠物医生。

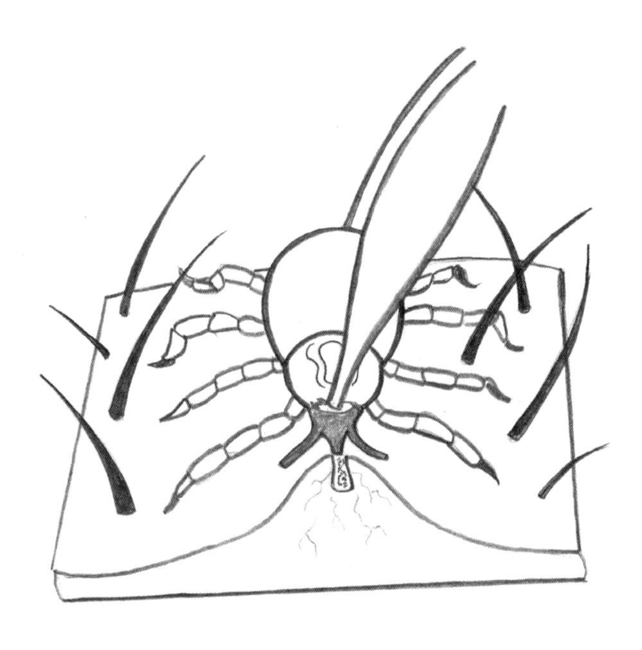

# 3. 急救措施

提到如何给宠物狗做急救，必须要先强调预防胜于治疗。

像人类一样，当狗狗受到伤害时，它很容易变得烦躁、愤怒和害怕。当狗狗感受到压力或者疼痛时，所有你原本认为的“它绝对不扑人”“它绝对不咬人”或“它绝对不乱跑”都会轻易改变。迅速的反应有助于挽回糟糕的局面，避免问题变得更糟。每个宠物美容包里都应该配备一个基础的宠物急救包，用于处理可能由美容造成的伤害。

了解基本的急救方法可以帮助你冷静、自信地做出反应，同时让狗狗也能保持冷静。急救的目的是迅速减轻狗狗的疼痛和不适，但采取急救措施之后，应该立即打电话给宠物医生，评估是否需要进一步治疗。

不论使用的是美容台还是厨房台面，绝对不能把狗狗独自留在做美容的地方。狗狗在无人照看时可能会从台子上跳下来，伤到自己。

给狗狗吹毛时要选在通风的地方，确保狗狗冷静，同时避免吹风机过热。狗狗的皮肤很敏感，很容易烫伤。吹风机要与狗狗皮肤保持一个安全的距离（大约40厘米），并且温度要保持在最低挡位，避免烫伤皮肤。洗澡时，水温的突然变热也很容易烫伤皮肤。

最常见的与美容相关的烫伤都是由热水或热气造成的，这类伤害可以分为两类。

## 一度烫伤

一度烫伤后的皮肤仍保持完整，但会出现红肿并可能引起局部炎症。

用冷水慢慢冲洗烫伤部位，或者用冷水浸泡过的毛巾冷敷，使皮肤冷却。待皮肤温度下降并干燥后，轻轻涂抹芦荟凝胶。不要涂抹黄油或软膏等含油药物，这些物质会让皮肤保持灼热，而不是冷却。大多数一度烫伤可以在家治疗，不需要去宠物医院。但如果症状没有消失，赶紧联系宠物医生，这表明深层皮肤组织可能受到了伤害。

## 二度烫伤

二度烫伤比一度烫伤更严重。皮肤表面会出现严重的红肿，还有可能出现水泡。二度烫伤需要尽快就医。就医前用一块干净的，最好是无菌的、不会在伤口上留下棉絮的纱布来包裹伤口。不断湿润纱布，降低烫伤区域的温度，防止出现更严重的组织损伤。和一度烫伤一样，不要涂抹任何黄油、药膏等含油药物。带狗狗去宠物医院的过程中，要注意给烫伤处降温。

## 电剪或剪刀划伤

皮肤损伤也可能出现在推毛或剪毛的过程中。给狗狗剪毛或推毛时要非常小心，毛结通常离皮肤很近。工具离皮肤越近，划伤的可能性就越大。

如果伤口较小，先用清水冲洗掉脱落的毛发，干燥后用少量止血粉止血。这时最重要的是让狗狗保持冷静。如果伤口较大，先用干净的纱布包扎伤口，然后联系宠物医生进一步治疗。

如果受伤的是舌头，用干毛巾压住舌头，控制住出血。如果狗狗不配合，可以用冷水慢慢冲洗伤口，促进血管收缩，减缓流血。

## 腿部受伤

如果狗狗从美容台上跳下来伤了腿，并且疑似骨折，这时要尽快固定它的腿，避免造成进一步的伤害。在带狗狗去宠物医院之前，用卷纸中央的硬纸筒作为“石膏”临时固定腿部。先用纱布包裹受伤的腿部，将硬纸筒剪开包裹在腿上，然后在外面再缠绕纱布固定。

如果打电话的时候没法抱着狗狗，可以把它放在一个狭窄的地方，尽可能限制它活动。

# 第7章

# 美容小技巧与自制美容产品

引人注目的时髦打扮已经不再专属于长毛犬，宠物界的时尚造型同样适用于短毛犬。一个简单的夏季剃毛，通过配饰与染色就可以变成前卫的时尚造型。

可洗纹身贴、无毒染发剂、小配饰等都可以让狗狗备受瞩目，就像电影首映礼上熠熠生辉的明星一样。但要注意用量合适，并遵循说明安全使用。

虽然狗狗可能并不理解它为什么吸引了如此多的关注，但它肯定很享受这种关注，喜欢人们笑着和它一起拍照。仅凭这一点就足以让我有动力坚持这种独特的风格，把狗狗打造成超级明星式的时尚造型。

高龄狗狗需要更简单、更实用的造型，但这类造型在街上可能不会引起太多的注意。简单的造型可能对有些狗狗有益，但不是对所有狗狗。许多狗狗非常喜欢社交，渴望被关注。狗狗会注意到人们对它们的反应变化，有时候一个简单的细节，比如一条彩色尾巴或一个临时纹身，都能引起额外的关注。对于喜欢成为焦点的狗狗来说，这是一种很治愈的体验。

曾经发生过不止一次这样的情况：我用光了宠物商店买来的美容产品但没有及时补货，所以不得不思考可以用什么东西来替代。虽然专门为狗狗定做的产品是最好的选择，但当我们因为各种原因无法获得时，也可以用某些家用产品来替代。

# 1. 拍照技巧

当狗狗被打扮得漂漂亮亮的时候，特别是当你亲手完成了所有的美容工作之后，你一定很想拍一张完美的照片，分享狗狗的新造型。下面分享一些技巧帮助你展现狗狗的个性，定格精彩。在一次电视真人秀的比赛中，客户要求我给他们的狗狗拍摄照片，我在拍摄过程中经历了很多惨痛的教训，差点被踢出节目组。我们经常下意识地做出所有“错误”的举动，比如叫狗狗的名字，这会鼓励它离开本应该待的位置。

找一个狗狗没怎么见过且可以发出声音的东西。鸭哨是一个声音大但效果好的小道具，能轻易地吸引狗狗的注意力，它警觉和好奇的表情会非常出片。美食永远都有很好的激励效果，但要知道，巴普洛夫定律会让狗狗分泌出过多的唾液并让舌头动个不停。惊喜元素是拍好一张照片的关键，因为大多数狗狗的注意力持续时间很短。因此，在把狗狗带到拍摄现场之前需要把一切都准备好。当我给自己的狗狗拍照时，我会用一只毛绒狗来引导我想要的镜头。

## 让毛发保持整洁的技巧

如果想让狗狗看起来更狂野，可能不需要太多额外的道具。但如果想让狗狗看起来更优雅，需要让所有的毛发都保持整洁。一个简单而有效的方法是，给狗狗身上轻轻喷一层水。水可以让毛发在几分钟内保持服帖。使用定型喷雾也是一个选择，但要注意如果狗狗的毛发上堆积了过量的发胶，可能会使毛发更脆弱、更易断。可以选择宠物专用的定型喷雾 来避免这个问题。对于垂毛犬种来说，最好的方法是在喷定型喷雾之前涂一层免洗护毛素。

# 2. 局部染色

## 安全产品

宠物行业提供各种各样的犬类安全产品。儿童产品一般都是无毒的安全产品，也可以用在宠物身上，但最好还是选择专为宠物设计的产品。仔细阅读所有的使用说明，留意是否有任何过敏反应。

无毒产品只有在不超过一定的使用量时才是安全的。闪粉、染毛粉或其他用来给狗狗毛发增色的产品，用量如果足够小，即使狗狗误舔了也不会中毒。但如果狗狗不小心误食了一盒没来得及用完的闪粉，那就另当别论了。

定型喷雾和发用摩丝在宠物美容的收尾阶段可以为我们提供极大的帮助。少量的定型产品不会伤害毛发，有助于固定毛发的位置，但是如果使用量较大，例如狮子犬的赛前准备时，事后要立刻冲洗干净。你在赛场上看到的所有的漂亮狗狗一到家都会立刻洗澡，防止毛发受到伤害，确保狗狗的安全。宠物行业提供了各种各样不会对毛发造成损伤的造型产品。

市场上也有各种安全性较高的犬用化妆品可供选择。染发剂既可以用来提升个性，也可以用来遮盖褪色的毛发。宠物专用染毛粉也可以用来均匀毛色和皮肤。可以在必要的时候选择适合狗狗的染色产品。

# 临时纹身

临时纹身制作非常简单，借助纹身模板即可完成，尤其适用于短毛犬种。

可以在美容店里买到纹身模板，也可以自己动手制作。通过模板绘制纹身图案相对容易，但需要狗狗在这个过程中保持静止。设计纹身图案和选择粘贴位置时，要将狗狗的性格和注意力集中程度都考虑进去。大多数狗狗趴在柔软的枕头上时更容易放松，舒缓的音乐也能吸引它们的注意力。

## ● 制作原创纹身模板

首先根据想要的尺寸绘制或打印选好的图样。用胶带将图样粘在桌子上，确保不会移动，然后用胶带将一张有点透明的背胶相纸固定在图样上。**（图1）**

用速干笔沿着图样的轮廓描绘，然后用锋利的刻刀或美工刀小心地将整个图案切割下来。**（图2）**

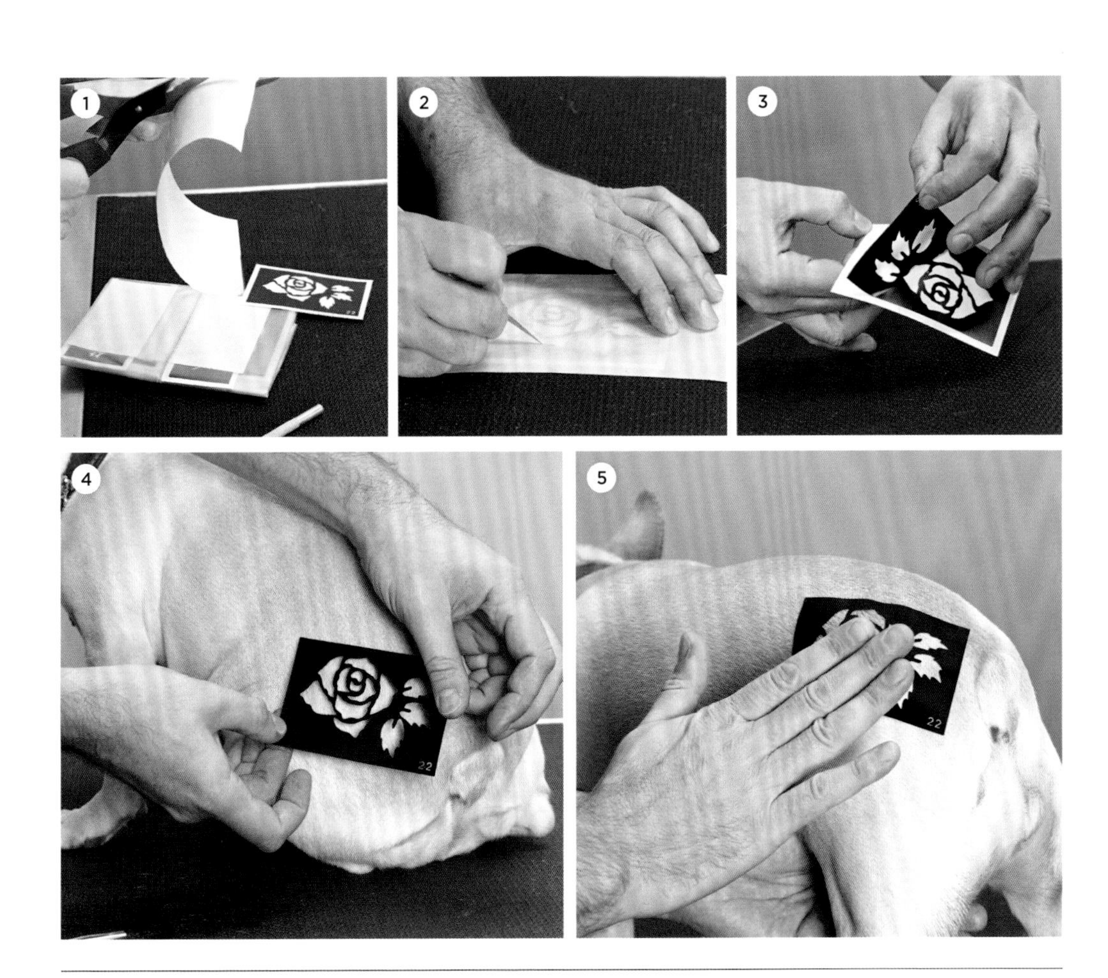


确保每一个角都切割到位，这样才能使图案与背景完全分离。（**图3**，为了使图案更明显案例中使用了黑色背景）

## ●粘贴纹身模板

用纱布或纸巾蘸取外用酒精，擦拭想要粘贴纹身模板的位置，确保没有油污或免洗护毛素等产品的残留。完全干燥后，将模板撕下来粘贴在该位置上。（**图4**）

轻轻按压，尽量确保粘贴牢固。（**图5**）

如果狗狗身上有绒毛，尤其是剃了毛的狗狗，可以用定型喷雾固定绒毛。

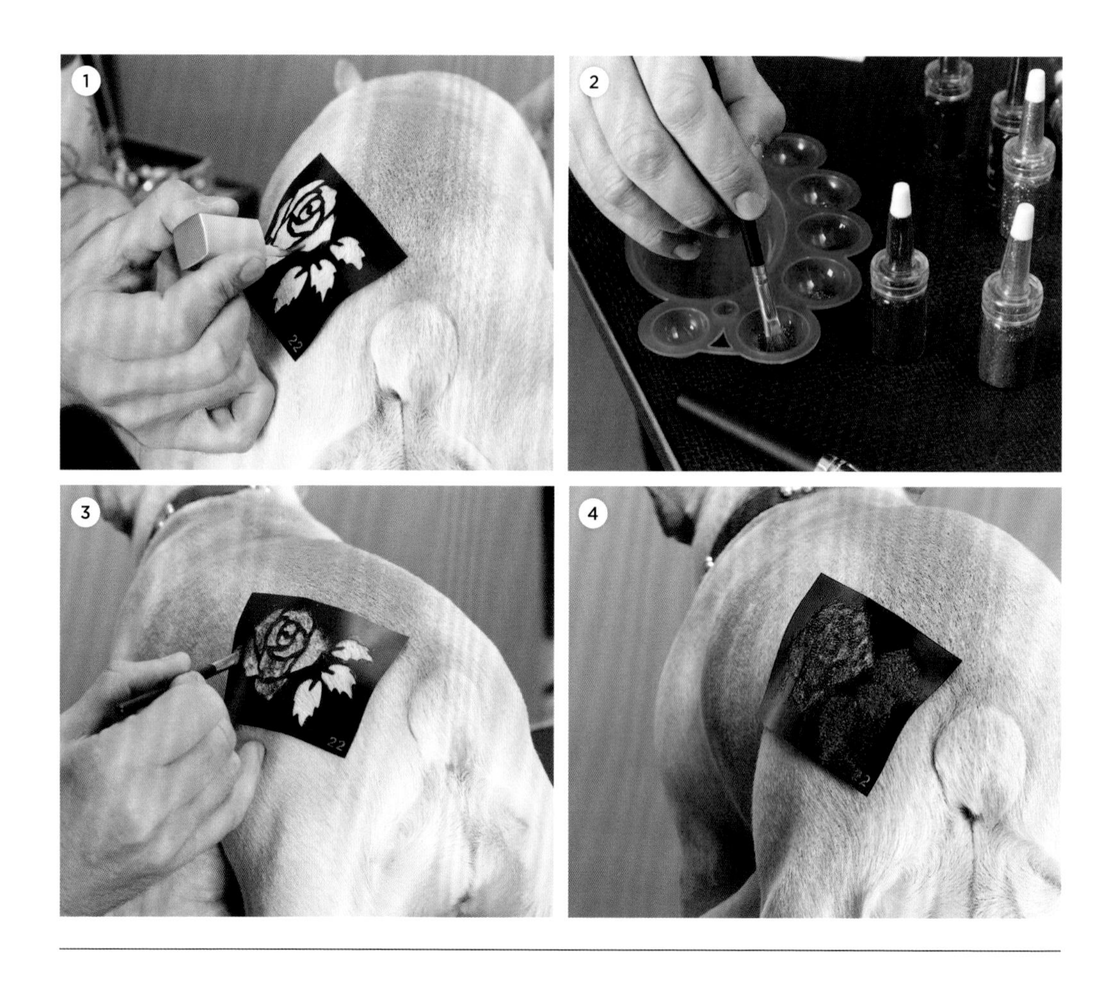


● 闪粉纹身

制作闪粉纹身前要先涂抹胶水。如果没有犬类专用的胶水，也可以选择无毒胶水。**（图1）**

胶水适当干燥后再上色，这样上色后的图案边缘更鲜明，也可以避免闪粉随着流动的胶水滴下来。**（图2）**

用干燥的刷子或者直接将闪粉小心地撒在胶水上。**（图3）**

用刷子小心地刷掉多余的闪粉，轻吹胶水可以加快干燥的速度。**（图4）**

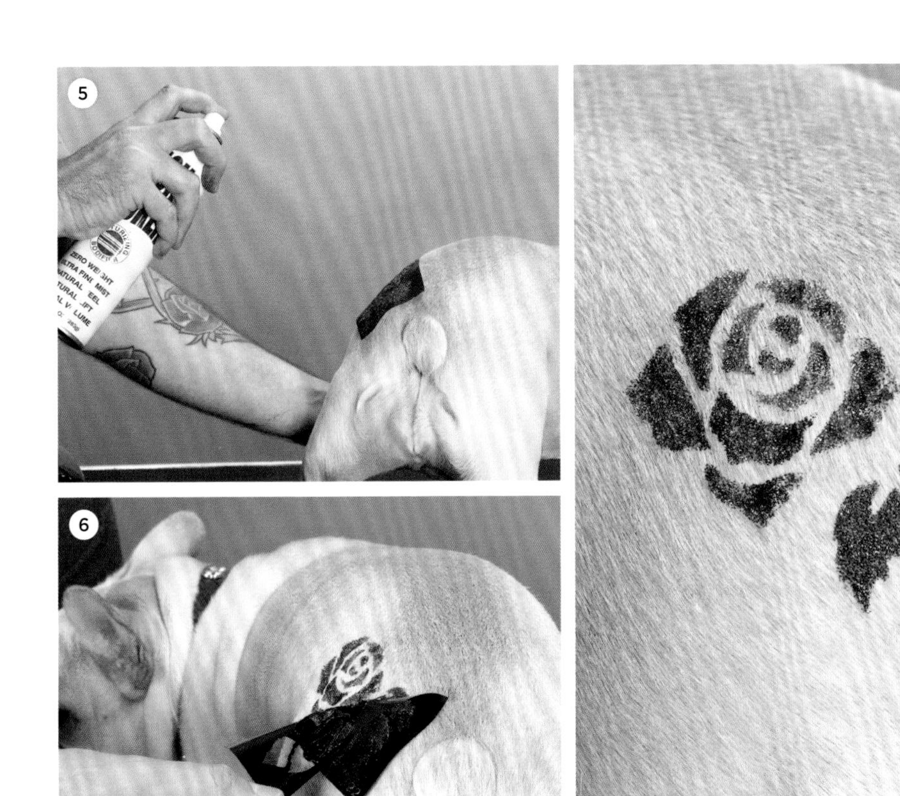


喷一层薄薄的定型喷雾固定闪粉。（图5）

最后顺着毛发生长的方向小心地撕下模板。（图6）

## 墨水纹身

将模板粘贴在狗狗身上后，将无毒墨水用刷子涂抹在模板上。干燥后用定型喷雾保护纹身，然后顺着毛发生长的方向小心地撕下模板。

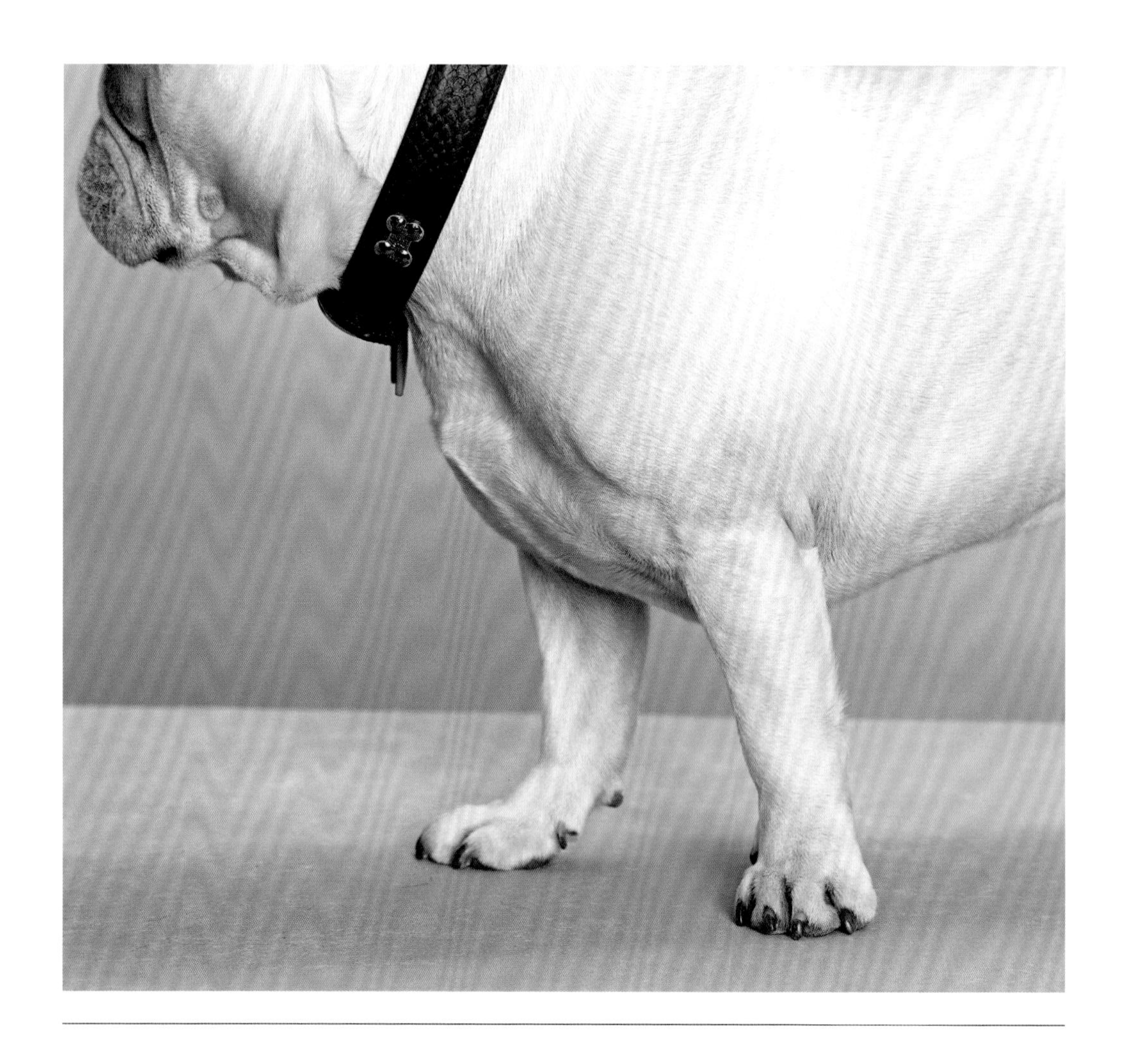

## 涂指甲油

涂指甲油是短毛狗狗彰显时尚的另一种方法。

犬类专用的指甲油具有专门的快干设计，使用更方便，可以避免指甲油沾满狗狗的整个指甲。现在的宠物行业同样为我们提供了无毒的美甲笔，使用简单，方便去除。

首先给狗狗来一场高质量的腿爪按摩，帮助狗狗放松。然后把狗狗放在毛巾或其他舒适且容易清洁的台面上，这样不小心滴落指甲油也没有关系。

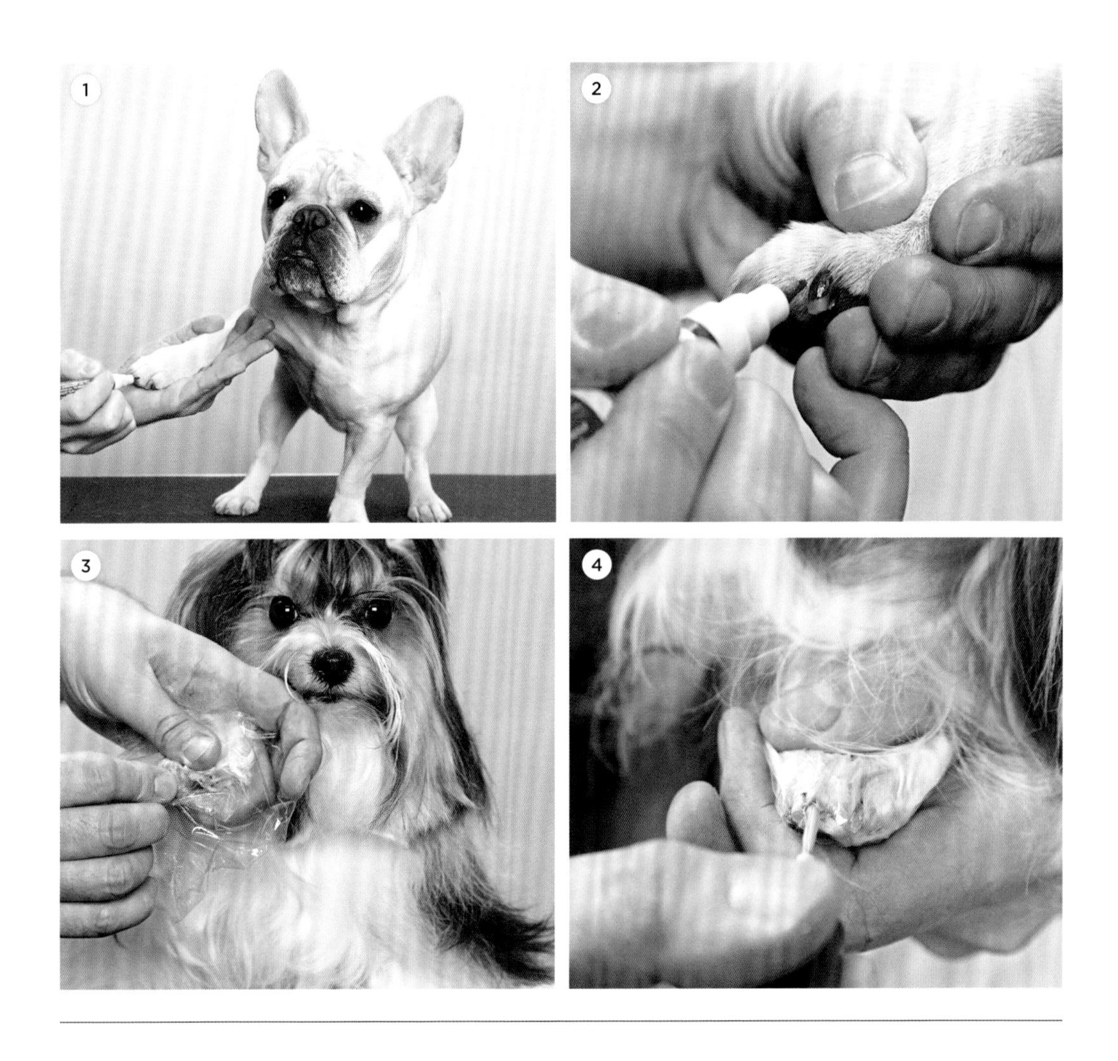

将狗狗的脚爪放在掌心上，用比较自然的姿势抓住，不要让狗狗觉得不舒服或过分受限。**（图1）**

慢慢分开狗狗的脚趾，从各个方向涂指甲油。不必将指甲油涂到指甲的最根部，因为指甲的根部会被毛发盖住。**（图2）**

对于长毛狗来说，最好用保鲜膜裹住狗狗的脚爪。**（图3）**

然后将保鲜膜向后拉，露出指甲。这样可以避免毛发阻碍，涂起来更方便。**（图4）**

# 3. 使用精油

精油的好处是众所周知的，狗狗也能像人类一样从中受益。

克里斯汀 · 怀尔德伍德（Christine Wildwood）在她的《芳香疗法：用精油做按摩》中提道：“精油通过刺激和加强身体自身机制来促进自然疗愈，比如洋甘菊和百里香精油被认为能够刺激白细胞的产生，帮助我们对抗疾病。”

也可以通过阅读宠物浴液瓶子上的成分表来了解精油及其益处。

下面介绍几种最常见的精油及其作用。精油使用时必须稀释。一个175毫升的喷雾瓶中滴6~8滴精油是比较安全的比例。

## 薰衣草精油

薰衣草精油可能是所有精油中最常用的一种，不仅气味芳香，而且还具有抗真菌、抗细菌、抗焦虑、抗抑郁和镇静的作用。在长途旅行或美容前，可以在手指上滴一滴薰衣草精油，按摩狗狗的爪垫，帮助它放松。建议给狗狗做美容时，在空气中也喷一些，可以减少狗狗和主人的焦虑。

## 葡萄柚精油

与大多数柑橘类精油一样，葡萄柚精油在夏天是一种很好的天然驱虫剂，尤其是在蜱虫出没的地区。出门之前，将葡萄柚精油、茶树精油和薰衣草精油混合在一起喷在狗狗身上是一个很好的驱虫方法。

## 薄荷精油

薄荷精油不仅能把免洗护毛素变成一种完美的香水，还能帮助狗狗缓解晕车的痛苦。

## 迷迭香精油

迷迭香精油具有很好的止痒效果。对于有皮肤问题的狗狗来说，将迷迭香精油和薰衣草精草混合在一起使用是非常好的天然配方。

# 4. 自制宠物狗美容产品

## 干洗粉

当你准备在家里招待朋友时，却突然发现我的狗狗毛发一团乱，而你已经没有时间好好打理它了或者洗浴产品用完了，我相信这样的情况并不只有我一个人遇到。这个时候，自制干洗浴液和自制免洗浴液就派上用场了。

### ● 自制干洗粉

准备一个带盖子的容器，放入一份玉米淀粉和一份婴儿爽身粉，加入几滴精油和一些大米，大米能防止这些物质混合后结成块状。摇匀混合物，转移到一个带孔的容器里，然后就可以把它撒在狗狗身上了。

将狗狗放在毛巾上或者其他方便清理的地方。用手护住狗狗的眼睛，将粉末撒在狗狗的毛发上，特别是容易积聚油污的耳后。让粉末静置一分钟，然后用针梳梳干净。

### ● 自制免洗浴液

将一份漱口水和一份蒸馏水混合在一起，就可以制成适用于短毛犬的免洗浴液。将它喷在狗狗的毛发上，注意避开眼睛和嘴巴。然后用一块干毛巾擦拭狗狗的身体，去除皮屑、灰尘和多余的油脂。

## 自制免洗护毛素

毛发是有弹性的，梳毛前使用免洗护毛素可以软化毛发，让毛发更容易梳理。也可以在蒸馏水中加几滴护毛素自制替代品。稍微复杂一点的配方是将175毫升蒸馏水与1茶匙甘油，以及6~8滴精油混合在一起。

## 爪垫护理

爪垫在炎热或寒冷的路面以及盐碱环境中行走变得干燥时，可以在手指上滴几滴橄榄油代替宠物护爪膏，并按摩爪垫。如果是在室内给狗狗的爪垫抹油，在让狗狗跳到沙发上之前，一定要把脚爪弄干。

## 自制洗耳剂

洗耳剂可以用一份金缕梅和一份蒸馏白醋的混合物来代替。如果没有金缕梅，可以使用外用酒精。但是如果狗狗出现了明显的耳朵感染症状，比如耳朵看起来红肿且有强烈的气味，或者狗狗不舒服地甩头，就不要使用酒精了，因为酒精可能会让狗狗感到刺痛和不舒服。

长期以来，有机椰子油一直被宠物美容师和饲养员用于治疗耳螨和酵母感染，以及消肿。椰子油光滑的质地非常舒缓。用在长毛犬身上时，要尽可能地擦掉多余的椰子油，避免滴在毛发上。最好在洗澡前几天开始使用，每天一次，软化所有的蜡状物和碎屑，洗澡当天耳朵会更容易清理。

亚历克斯·帕帕克里斯蒂迪斯（Alex Papachristidis，室内设计师及《优雅时代》的作者），和它的约克夏犬特迪

劳伦有一只约克夏犬，她们一家都喜欢“比基尼”自然造型（不知道“比基尼”是什么造型？）。瑞奇·劳伦是《汉普顿：食物、家庭和历史》的作者（Wiley出版）。

大卫·莫恩心爱的骑士查理王小猎犬名为萨米。大卫·莫恩被《Vogue》前时尚编辑比利·诺维奇称为“风格建筑师”，他以对细节一丝不苟而闻名，包括他对萨米的所有照料。

CH. Morningstar Reverie
（北京犬的名字）
美国北京犬俱乐部的最佳品种
在所有品种和专业中获得多个最佳表演奖
威斯敏斯特养犬俱乐部优秀奖
美国北京犬俱乐部荣誉奖

图片由繁育者约翰·D·弗伦奇和共同繁育者托尼·罗萨托提供

“除了绝对的专业和绝对的喜悦，本德斯基让我们的狗乔伊看起来像一个电影明星！”——菲比·凯茨和凯文·克莱恩

希瑟·格林摄影

# 后记
# POSTSCRIPT

撰写这本书是一个富有挑战性但很有成就感的经历。我的职业经历同样具有挑战性，如果没有这么多一路帮助我的人，我今天就达不到职业生涯的这个阶段。

首先，我要感谢所有的四条腿的朋友。这些年来，它们每一只都摇摆着可爱的尾巴欢迎我，成就了今天作为宠物美容师的我。我还要感谢我的朋友们和团队的支持，没有他们，这本书是不可能完成的。

感谢Forever Stainless Steel（一家动物浴缸生产商）的珍妮·凯普斯和马克·阿恩特，感谢多年来他们的鼓励和支持，让我在宠物行业找到了自己的位置，对狗狗的热爱促使我建立一个让宠物与主人都受益的宠物教育平台。

兰迪·马克是我最好的朋友，他是一位英语老师和拼写检查员，他一直在帮助我把想法和经历用更容易理解的语言表达出来。

心情愉快的狗狗更容易相处。本书的许多照片在New York Dog Spa & Hotel（纽约狗狗Spa酒店）拍摄，酒店让狗狗们得到了极致的享受，为照片的拍摄营造了良好的氛围。

巴里·扎恩是我的朋友也是我的家人，她无条件的爱和专业的法律建议让我在开始所有新的冒险时受到保护，让我感到安心。

我要向丹娜·汉弗莱、马歇尔·鲍普里以及出版社团队在内的许多人致敬，是他们将一本书的想法变成了现实。